石油石化企业
硫化氢防护培训教材

中国石化集团胜利石油管理局有限公司培训中心(党校)　组织编写

中国石化出版社

内 容 提 要

本书是中国石化集团胜利石油管理局有限公司培训中心为适应石油石化企业涉硫化氢岗位人员培训专门开发的培训教材，以提高涉硫岗位人员的安全意识、硫化氢知识水平、应急处置救护技能为主线，紧密结合石油石化企业生产过程实际，系统介绍了硫化氢的特性、来源、危害、过程控制技术、防护要求、应急救护等知识和能力要求。全书内容全面、系统、可读性强。

本书适合石油石化行业涉及硫化氢的管理、设计、技术、操作等相关人员进行技术培训及学习，也适合其他行业涉硫化氢相关人员参考学习。

图书在版编目(CIP)数据

石油石化企业硫化氢防护培训教材／中国石化集团胜利石油管理局有限公司培训中心(党校)组织编写.
—北京：中国石化出版社，2020.4(2021.6重印)
ISBN 978-7-5114-5714-1

Ⅰ.①石… Ⅱ.①中… Ⅲ.①油气钻井-硫化氢-防护-技术培训-教材 Ⅳ.①TE28

中国版本图书馆 CIP 数据核字(2020)第 041150 号

中国石化出版社出版发行
地址:北京市东城区安定门外大街 58 号
邮编:100011 电话:(010)57512500
发行部电话:(010)57512575
http://www.sinopec-press.com
E-mail:press@sinopec.com
北京富泰印刷有限责任公司印刷
全国各地新华书店经销
*
710×1000 毫米 16 开本 13.25 印张 239 千字
2020 年 4 月第 1 版 2021 年 6 月第 2 次印刷
定价:65.00 元

《石油石化企业硫化氢防护培训教材》
编 委 会

主　　任：刘彦国　王晓宇

副 主 任：王智晓　孙友春　赵　冲

委　　员：唐　齐　王志刚　刘路军　宫　健

　　　　　杨　雷　张　蕾　徐月军　毛昌强

　　　　　金业海　孙民笃　孙丙运　曹福军

主　　编：王　礼

副 主 编：田茂波　盛国栋

编写人员：陈卫平　王　亮　张建刚　孟向明

　　　　　李志明　尹瑞竹　王　晖　李建良

　　　　　孙秀萍

前言
PREFACE

　　硫化氢是仅次于氰化物的剧毒物质，极易造成人员中毒或死亡事故。高含硫化氢的油气井、工艺管道及其储存装置，一旦发生硫化氢泄漏、失控，将导致灾难性后果。在我国石油天然气勘探开发、加工的历史中，硫化氢的风险几乎是如影随形，发生过多起由于钻井井喷引起的硫化氢中毒事故、硫化氢腐蚀引起的钻具断脱落井事故、井下洗井作业引起的硫化氢中毒事故、试油引起的硫化氢透出事故、石油加工及其维护过程中引起的硫化氢中毒事故等，不仅造成了严重的人员伤害，还带来了严重不良的社会影响和不安定因素。如 1993 年华北油田赵 48 井，在试油起电缆过程中诱发井喷失控，硫化氢气体大量喷出，6 人当场死亡，数人中毒，引发恐慌，造成 20 余万人大逃离；2003 年重庆开县罗家 16H 井发生井喷，喷出物含高浓度的硫化氢，导致 243 人中毒死亡、数千人中毒、10 万居民连夜紧急疏散。这些事件促使石油天然气行业不断加强过程化的硫化氢管控，同时对相关人员掌握硫化氢的防护、作业和应急等知识的培训也成为当务之急。

　　为认真贯彻落实"安全第一，预防为主，综合治理"的安全生产方针，确保人身生命、设备财产安全、保护环境，进一步加强含硫化氢区域生产施工安全，防止因硫化氢引发事故和危害，相关行业从业人员必须了解、认识和掌握硫化氢的危害和防护知识和技能。为进一步规范石油石化行业硫化氢防护技术培训内容，提高硫化氢防护技术的培训水平，确保油气勘探开发和石油加工过程的生产安全，中国石化胜利石油管理局培训中心(党校)组织多名业内专家依据国家、石油石化行业最新的有关硫化氢作业标准和培训管理的新要求，重新梳理、收集了硫化氢相关知识、防护技术等资料，以硫化氢过程管控的逻辑关系为顺序，编写了《石油石化企业硫化氢防护培训教材》一书，提供给广大的学员培训学习使用。

该教材依据 SY/T 7356—2017《硫化氢防护安全培训规范》规定的教学模块要求编制各个章节，按照硫化氢来源与危害辨识、检测防护、作业过程管控、应急处置、实操练习为先后的逻辑顺序进行编写，并将各类典型硫化氢案例穿插其中。使各个章节与培训规范的模块——对应，具有更好的可读性，并方便教师教学和各类学员选学使用。该教材既可作为硫化氢作业环境从业人员进行硫化氢防护培训的专业教材，也可供相关专业技术人员、管理人员参考。

该教材第一章、第五章、第六章由王礼编写，第二章由陈卫平编写，第三章第一节由王亮编写，第三章第二节由张建刚编写，第三章第三节由盂向明编写，第三章第四节由田茂波、李志明编写，第三章第五节、第八章由尹瑞竹编写，第四章由盛国栋、王晖编写，第七章由李建良编写，第九章由孙秀萍编写。全书由王礼、田茂波、赵冲、盛国栋进行统稿审核和修改。

本教材在编写过程中参考了大量的标准、文献资料和教材，汲取了各方面、诸多专家的成果。对此，编者在该书的参考文献中尽可能地予以列举，并谨向有关作者、编者表示深深谢意，并向出版单位致敬。特别感谢原山东胜利学院安全工程培训部夏雪梅、刘青云等老师无私提供的内部培训资料。

限于编者水平，难免有不当或疏漏之处，敬请广大读者批评指正。

目 录

CONTENTS

I

第一章 硫化氢基础知识

第一节 硫化氢的性质

一、硫化氢的分子式

硫化氢的分子式是 H_2S，由两个氢原子和一个硫原子组成，它的相对分子质量为 34.08。H_2S 分子结构呈等腰三角形，S—H 键长为 133.6pm。键角为 92.1°，是极性分子。由于 H—S 键能较弱，300℃ 左右硫化氢分解。其分子结构如图 1-1 所示。

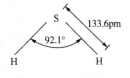

图 1-1 H_2S 分子结构示意图

硫化氢具有较强的还原性，但硫化氢的硫是-2 价，处于最低价，氢是+1 价，能下降到 0 价，所以仍有氧化性。

二、硫化氢的理化性质

首先了解硫化氢的物理化学性质。我们可以从八个主要方面进行描述：存在形态、颜色、气味、密度、可燃性、爆炸极限、可溶性、化学反应性质。

（一）存在形态

液态硫化氢的沸点很低，沸点为-60.2℃，熔点为-82.9℃。因此我们通常接触到的是气态的硫化氢。

（二）颜色

硫化氢是一种无色、剧毒、酸性气体。人们用眼睛无法判断其是否存在。

（三）气味

低浓度的硫化氢有一种特殊的臭鸡蛋味，浓度稍高时会令人恶心。通常，嗅觉阈值为 $0.011mg/m^3$。在大气中的硫化氢含量达到 $0.18mg/m^3$（0.13ppm）时，即有明显的臭鸡蛋味，随着浓度的增加臭鸡蛋味增加。

由于硫化氢气体是一种神经性毒剂，即使在较低浓度下也会麻痹人的嗅觉神经，一旦硫化氢浓度超过 30mg/m³（20ppm）时，人们会因麻痹嗅觉神经，反而闻不到其似臭鸡蛋的气味。因此绝对不能靠嗅觉来检测硫化氢的存在与否。在实际工作中，只能应用硫化氢检测仪器来判断其是否存在。

（四）密度

硫化氢相对密度为 1.189（15℃，0.10133MPa），由于其密度比空气大，因此它极易向地势低洼的地方沉积，如在地坑、地下室、窨井等处聚集后不容易扩散，浓度会越来越高。处在硫化氢的环境中施工作业时，只要有可能，都要在上风向、地势较高的地方作业。

（五）可燃性

硫化氢气体稳定性较好，在高温下才能分解。完全干燥的硫化氢在室温下不与空气中的氧气发生反应，但点火时能在空气中燃烧。引燃温度为 260℃，最小点火能量为 0.077mJ。硫化氢燃烧时产生蓝色火焰，并产生有毒的二氧化硫（SO_2）气体，二氧化硫气体会损伤人的眼睛和肺。钻井、井下作业放喷时燃烧，燃烧率仅为 86% 左右。

硫化氢在空气充足时，燃烧后生成 SO_2 和 H_2O。

$$2H_2S+3O_2 =\!=\!= 2SO_2+2H_2O$$

若空气不足或温度较低时，燃烧后生成游离态的 S 和 H_2O。

$$2H_2S+O_2 =\!=\!= 2S+2H_2O$$

这表明硫化氢气体在高温下具有一定的还原性。

（六）爆炸极限

当硫化氢气体以适当的比例（4.3%～46%）与空气或氧气混合，形成爆炸性混合物，遇到明火、高温能引起燃烧爆炸。因此有硫化氢气体存在的作业现场要严格控制火源，并配备硫化氢检测报警仪。

（七）可溶性

硫化氢气体能溶于水、乙醇、二硫化碳、甘油、汽油、煤油等石油溶剂和原油中，硫化氢的溶解度与温度、气压有关，其溶解度随着温度的升高而降低，溶解溶液的化学性质不稳定。因此，硫化氢能在液体中溶解，这就意味着它能存在于某些存放液体（包括水、油、乳液和污水）的容器中，只要条件适当，轻轻地振动含有硫化氢的液体，可使硫化氢气体逸出，挥发到大气中。

在常温常压下（20℃、0.10133MPa），1 体积水能溶解 2.6 体积的硫化氢气体，生成的水溶液称为氢硫酸，属于二元弱酸。硫化氢在水中的第二级电离程度相当低。当它受热时，硫化氢又从水里逸出。

（八）化学反应性质

氢硫酸比硫化氢气体具有更强的还原性，清澈的氢硫酸置放一段时间后会变得混浊，就是因为氢硫酸会和溶解在水中的氧起缓慢的反应，产生不溶于水的单质硫。在酸性溶液中，硫化氢能使 Fe^{3+} 还原为 Fe^{2+}，Br_2 还原为 Br^-，I_2 还原为 I^-，MnO_4^- 还原为 Mn^{2+}，$Cr_2O_7^{2-}$ 还原为 Cr^{3+}，HNO_3 还原为 NO_2，而它本身通常被氧化为单质硫。有微量水存在时 H_2S 能使 SO_2 还原为 S。

$$2H_2S+SO_2 =\!=\!= 2H_2O+3S\downarrow$$

与浓硝酸、发烟硝酸或其他强氧化剂剧烈反应，会发生爆炸。H_2S 可及时通入 NaOH 溶液（或金属盐溶液）中进行吸收。一般情况下，实验室可采用将硫化氢气体通入硫酸铜溶液中，形成不溶解于一般强酸（非氧化性酸）的硫化铜，从而除去硫化氢气体。

$$CuSO_4+H_2S =\!=\!= CuS\downarrow +H_2SO_4$$

第二节　硫化氢相关常用术语

一、硫化氢浓度的描述

（一）气体浓度表示方式

气体浓度一般有两种表示方式：一是体积比浓度，每立方米的大气中含有污染物的体积数（cm^3），常用的表示方法是 ppm，1ppm = 1/1000000；二是质量-体积浓度，即用每标立方米大气中污染物的质量数来表示的浓度，单位用 mg/m^3 表示。国际上仪器检测的气体浓度常用体积比浓度 ppm 表示，而我国标准规范要求采用质量-体积浓度 mg/m^3 表示。质量浓度与检测气体的温度、压力环境条件有关，其数值会随着温度、压力等环境条件的变化而不同，实际测量时需要同时测量气体的温度和大气压力。而使用 ppm 描述气体浓度时，由于采取的气体体积比，不受温度变化的影响，不会出现这样的问题。

（二）气体浓度表示方式的换算

在标准状况［0℃（273K）、$1.01×10^5Pa$］下，1mol 任何理想气体所占的体积都约为 22.4L。标准状况下气体的体积浓度单位 ppm 转换为质量-体积浓度单位 mg/m^3。

$$X=M×A/22.4(mg/m^3)$$

式中　A——气体的体积浓度，ppm；

M——气体的相对分子质量；

X——气体的质量浓度，mg/m^3。

在非标准状况下，气体的体积浓度单位 ppm 转换为质量-体积浓度单位 mg/m^3。

$$X = M \times A / 22.4 \times [273/(273+T)] \times (Ba/101325) (mg/m^3)$$

式中　A——气体的体积浓度，ppm；

　　　M——气体的相对分子质量；

　　　X——气体的质量浓度，mg/m^3；

　　　T——气体温度，℃；

　　　Ba——气体压力，Pa。

硫化氢气体在标准状况下 $1ppm = 1.47mg/m^3$（有时现场通常按 1.5 进行快速计算）。

二、职业危害相关名词

（一）职业接触限值（OELs）

职业接触限值（OELs）即职业性有害因素的接触限制量值，指劳动者在职业活动中长期反复接触，对绝大多数接触者的健康不引起有害作用的容许接触水平。GBZ 2.1—2019《工作场所有害因素职业接触限值 第 1 部分：化学有害因素》规定了时间加权平均容许浓度（PC-TWA）、短时间接触容许浓度（PC-STEL）、最高容许浓度（MAC），GBZ/T 259—2014《硫化氢职业危害防护导则》规定了立即威胁生命或健康的浓度（IDLH）。

（1）加权平均容许浓度（PC-TWA），是指以时间为权数规定的 8h 工作日、40h 工作周的平均容许接触浓度。

（2）短时间接触容许浓度（PC-STEL），是指在遵守 PC-TWA 的前提下，容许短时间（15min）接触的浓度。

（3）最高容许浓度（MAC），是指工作地点在一个工作日内，任何时间有毒化学物质均不应超过的浓度。硫化氢 MAC 不超过 $10mg/m^3$。

（4）立即威胁生命或健康的浓度（IDLH），是指在此条件下对生命立即或延迟产生威胁，或能导致永久性健康损害，或影响准入者在无助情况下从密闭空间逃生的浓度。硫化氢 IDLH 为 $142mg/m^3$。

对未限定 PC-STEL 的化学有害因素，在符合 8h 时间加权平均允许浓度地点情况下，任何一次短时间（15min）接触的浓度均不应超过 PC-TWA 的倍数值。PC-TWA$<1mg/m^3$ 超限倍数为 3；$1mg/m^3 \geq$ PC-TWA$<10mg/m^3$ 超限倍数为 2.5。

（5）限值的使用管理。工作场所有害因素职业接触限值是用人单位监测工作场所环境污染情况、评价工作场所卫生状况和劳动条件以及劳动者接触化学有害因素程度的重要技术依据，也可用于评估生产装置泄漏情况，评价防护措施效果等。8h 时间加权平均容许浓度（PC-TWA）是评价工作场所环境卫生状况和劳动者接触水平的主要指标。

在遵守 PC-TWA 的前提下，PC-STEL 水平的短时间接触不引起：①刺激作用；②慢性或不可逆性损伤；③存在剂量-接触次数依赖关系的毒性效应；④麻醉程度足以导致事故率升高、影响逃生和降低工作效率。即使当日的 TWA 符合要求时，短时间接触浓度也不应超过 PC-STEL。当接触浓度超过 PC-TWA，达到 PC-STEL 水平时，一次持续接触时间不应超过 15min，每个工作日接触次数不应超过 4 次，相继接触的间隔时间不应短于 60min。

MAC 主要是针对具有明显刺激、窒息或中枢神经系统抑制作用，可导致严重急性损害的化学物质而制定的不应超过的最高容许接触限值，即任何情况都不容许超过的限值。

（二）硫化氢环境中从事石油天然气作业接触限值

SY/T 6277—2017《硫化氢环境人身防护规范》对硫化氢的暴露限值做了规定，这些规定对保护工作人员的生命安全十分重要。

（1）阈限值：在硫化氢环境中未采取任何人身防护措施，不会对人身健康产生伤害的空气中硫化氢最大浓度值标准。硫化氢的阈限值为 15mg/m³（10ppm）。

（2）安全临界浓度：在硫化氢环境中 8h 内未采取任何人身防护措施，可接受的空气中硫化氢最大浓度值。硫化氢的安全临界浓度为 30mg/m³（20ppm）。

（3）危险临界浓度：在硫化氢环境中未采取任何人身防护措施，对人身健康会产生不可逆转或延迟性影响的空气中硫化氢最小浓度值。硫化氢的危险临界浓度为 150mg/m³（100ppm）。

（4）硫化氢环境：含有或可能含有硫化氢的区域。

第三节　硫化氢的危害

一、硫化氢对人体的危害

根据硫化氢理化性质，它是一种酸性气体，其危险标记为 2.1 类易燃气体，2.3 类毒性气体，有剧毒。全世界每年都有人因硫化氢中毒而死亡，在我国，硫化氢中毒死亡人数仅次于一氧化碳中毒死亡人数，占到第二位。因此，硫化氢是威胁劳动者健康和生命的重要职业病危害因素。为了预防硫化氢中毒事故的发生，首先要了解硫化氢的危害途径和特性。

（一）硫化氢进入人体的途径

硫化氢只有进入人体并与人体的新陈代谢发生作用后，才能对人体造成伤害。硫化氢进入人体的途径主要有三种：通过呼吸道吸入、通过皮肤吸收、通过消化道吸收。硫化氢气体主要通过呼吸道吸入人体，只有少量通过皮肤和消化道进入人体。

（二）硫化氢中毒分类

硫化氢是一种神经毒气，亦为窒息性和刺激性气体。硫化氢进入人体后，其毒作用的主要靶器是中枢神经系统和呼吸系统，亦可伴有心脏等多器官损害，对中毒作用最敏感的组织是脑和黏膜接触部位。一个人对硫化氢的敏感性随其与硫化氢接触次数的增加而减弱，即第二次接触就比第一次危险，依次类推。

硫化氢中毒有急性中毒和慢性中毒之分。

1. 急性中毒

根据《职业性急性硫化氢中毒诊断标准》（GBZ 31—2002），硫化氢的接触反应是指接触硫化氢后出现眼刺痛、羞明、流泪、结膜充血、咽部灼热感、咳嗽等眼和上呼吸道刺激表现，或有头痛、头晕、乏力、恶心等神经系统症状，脱离接触后在短时间内消失者。急性硫化氢中毒分为轻度中毒、中度中毒和重度中毒。

（1）轻度中毒

具有下列情况之一者：
- 明显的头痛、头晕、乏力等症状并出现轻度至中度意识障碍；
- 急性气管、支气管炎或支气管周围炎。

（2）中度中毒

具有下列情况之一者：
- 意识障碍表现为浅至中度昏迷；
- 急性支气管肺炎。

（3）重度中毒

具有下列情况之一者：
- 意识障碍程度达深昏迷或呈植物状态；
- 肺水肿；

- 猝死；
- 多脏器衰竭。

2. 慢性中毒

长期接触低浓度硫化氢会引起结膜炎和角膜损害。

(三) 硫化氢对人体造成的主要损害

硫化氢中毒后，会对人体造成一定的损害。较低浓度，即可引起呼吸道及眼黏膜的局部刺激作用；浓度愈高，全身性作用愈明显，表现为中枢神经系统症状和窒息症状。急性中毒时多在事故现场发生昏迷，其程度因接触硫化氢的浓度和时间长短而异，偶可伴有或无呼吸衰竭。部分病例在脱离事故现场或转送医院途中即可复苏。到达医院时仍维持生命特征的患者，如无缺氧性脑病，多数恢复较快。昏迷时间较长者在复苏后可有头痛、头晕、视力或听力减退、定向障碍、共济失调或癫痫样抽搐等，绝大部分病人可完全恢复。硫化氢中毒主要表现为以下三个方面：

1. 中枢神经系统损害(最为常见)

(1) 硫化氢浓度较高时，中毒者可发生轻度意识障碍，可出现头痛、头晕、乏力、共济失调，并常先出现眼和上呼吸道刺激症状。

(2) 硫化氢浓度升高，中毒者脑病表现显著，出现头痛、头晕、易激动、步态蹒跚、烦躁、意识模糊、谵妄、癫痫样抽搐，可呈全身性强直痉挛等；也可能突然发生昏迷或呼吸困难、呼吸停止后心跳停止。

(3) 硫化氢浓度极高时，中毒者在接触后数秒或数分钟内可发生呼吸骤停，数分钟后可发生心跳停止，也称电击样死亡；也可立即或数分钟内昏迷，并呼吸骤停而死亡。死亡可在无警觉的情况下发生，当察觉到硫化氢气味时嗅觉立即丧失，少数病例在昏迷前瞬间可嗅到令人作呕的甜味。死亡前一般无先兆症状，出现呼吸深而快，随之呼吸骤停。

2. 呼吸系统损害

可出现化学性支气管炎、肺炎、肺水肿、急性呼吸窘迫综合征等。少数中毒病例以肺水肿的临床表现为主，而神经系统症状较轻。可伴有眼结膜炎和角膜炎。

3. 心肌损害

在中毒病例中，部分病例可发生心悸、气急、胸闷或心绞痛样症状，少数病例在昏迷恢复，中毒症状好转1周后发生心肌梗死一样的表现。心电图呈急性心肌死一样的图形，但可很快消失。其病情较轻，病程较短，治愈后良好，诊疗方法与冠状动脉样硬化性心脏病所致的心肌梗死不同，故考虑为弥漫性中毒性心肌损害。心肌酶谱检查可有不同程度异常。

不同浓度的硫化氢气体对人体的影响，见表1-1。

表1-1　不同浓度硫化氢对人体的影响

序号	在空气中的浓度			暴露于硫化氢的典型特征
	%（体积）	ppm	mg/m³	
1	0.000013	0.13	0.18	通常，在大气中含量为0.195mg/m³（0.13ppm）时，有明显和令人讨厌的气味，在大气中含量为6.9mg/m³（4.6ppm）时就相当明显。随着浓度的增加，嗅觉就会疲劳，气体不再能通过气味来辨别
2	0.001	10	14.41	有令人讨厌的气味。眼睛可能受刺激。推荐的阈限值（8h加权平均值）
3	0.0015	15	21.61	推荐的15min短期暴露范围平均值
4	0.002	20	28.83	在暴露1h或更长时间后，眼睛有烧灼感，呼吸道受到刺激，美国职业安全与健康局的可接受上限值
5	0.005	50	72.07	在暴露15min或15min以上的时间后嗅觉就会丧失，如果时间超过1h，可能导致头痛、头晕和（或）摇晃。超过75mg/m³（50ppm）将会出现肺浮肿，也会对人员的眼睛产生严重刺激或伤害
6	0.01	100	144.14	3～15min就会出现咳嗽、眼睛受刺激和失去嗅觉。在5～20min过后，呼吸就会变样、眼睛就会疼痛和昏昏欲睡，在1h后就会刺激喉道，延长暴露时间将逐渐加重这些症状
7	0.03	300	432.40	明显的结膜炎和呼吸道刺激
8	0.05	500	720.49	短期暴露后就会不省人事，如不迅速处理就会停止呼吸；头晕、失去理智和平衡感。患者需要迅速进行人工呼吸和（或）心肺复苏术
9	0.07	700	1008.55	意识快速丧失，如果不迅速营救，呼吸就会停止并导致死亡。应立即采取人工呼吸和（或）心肺复苏术
10	0.10+	1000+	1440.98+	立即丧失知觉，结果将会产生永久性的脑伤害或脑死亡。应迅速进行营救，应用人工呼吸和（或）心肺复苏

二、硫化氢的环境污染、腐蚀

据估计，全世界每年进入大气的硫化氢约为1亿吨，其中人为产生的（如工厂泄漏、释放等）大约为300万吨，除可能对现场人员造成伤害外，对环境也会造成污染。另外硫化氢在大气中很快被氧化为SO_2，这对人和动植物有伤害作用，SO_2在大气中氧化成二价硫酸根离子是形成酸雨和降低能见度的主要原因，SO_2的防护管理相关知识见第七章内容。

硫化氢会造成水体污染，含有硫化氢的水除了发臭外，对混凝土和金属都有侵蚀作用。当水中的硫化氢含量超过0.5～1.0mg/L时，对鱼类有害。

硫化氢的水溶液对金属材料有较强的腐蚀作用，其腐蚀机理及影响因素详见第五章的内容。硫化氢腐蚀产物之一的硫化亚铁具有自燃性，其危害与防护见第六章。

第四节　硫化氢风险评价

一、硫化氢产生途径与行业分布

（一）硫化氢产生途径

硫化氢广泛存在于自然界及多种生产过程中，产生的途径分为四类：

（1）自然界中伴生在石油、天然气、金属矿、煤矿、天然矿泉等中的硫化氢，伴随上述物质进入开采、运输、储存等工作场所。

（2）含硫的有机质在厌氧条件下降解或在硫酸盐还原菌作用下分解产生硫化氢，在无通风或通风不良的环境下，积聚在地势低洼区域或密闭空间内、如池、沼泽、坑、洞、窑、井、下水道、仓、罐、槽等。

（3）生产中含硫的有机物料在加温、加氢、酸化等过程中将硫转化为硫化氢。

（4）生产中硫化物或含硫化物物料，与酸混合，硫化物与酸反应产生硫化氢，在未得到有效控制的情况下逸散到空气中。

（二）硫化氢行业与作业分布

工业生产中很少使用硫化氢，接触的硫化氢一般是某些化学反应和蛋白质自然分解过程的产物，常以副产物或伴生产物的形式存在。根据《职业病危害因素分类目录》可知硫化氢常见的行业分布大约为30多种行业。其主要行业及其作业分布包括：

（1）石油天然气开采业，钻井、井下作业、采油与集输、采气及其净化输送环节等；

（2）石油加工业，酸性水汽提、硫黄回收、加氢裂化、延迟焦化、催化裂化等，以及酸性气、水等管线或部位；

（3）煤化工业，煤焦气化、酸性水汽提、硫黄回收等；

（4）造纸及纸制品业，化学制浆、黑液蒸发与燃烧等；

（5）煤矿采选业，爆破采煤、井下通风等；

（6）橡胶制品业，橡胶硫化、旧胎硫化等；

（7）有色金属采选业，选矿药剂制取等；

（8）有机化工原料制造业，烃类原料裂解、裂解汽油加氢、有机酸合成等；

（9）污水处理业，污水处理、窨井作业等；

（10）其他行业及其存在硫化氢的作业。

二、石油工业中硫化氢的来源辨识

在石油工业的生产中，硫化氢存在于各个环节，如钻井、试油、采油（采气）、修井、注水、酸洗、油气集输、原油处理、运输及储运、石油化工工艺及其辅助等过程。

（一）钻井施工中硫化氢的来源

对于油气钻井中硫化氢的来源可归结于以下几个方面：

（1）热作用于油层时，石油中的有机硫化物分解，产生出硫化氢。

（2）石油中的烃类和有机质通过储集层水中硫酸盐的高温还原作用而产生硫化氢。

（3）通过裂缝等通道，下部地层中硫酸盐层的硫化氢上窜而来。

（4）某些钻井液处理剂在高温热分解作用下产生硫化氢，如：

① 磺化酚醛树脂达到100℃时可以分解生成 H_2S。

② 三磺（丹煤、褐煤、环氧树脂）在150℃时可以分解生成硫化氢。

③ 磺化褐煤在130℃时可以分解生成硫化氢。

④ 本质素硫酸铁铬盐在180℃时可以分解生成硫化氢。

⑤ 丝扣油高温与游离硫反应生成硫化氢。注意：一般含硫化氢井严禁使用红丹丝扣油。

（5）含硫的地层流体（油、气、水）流入井内。

（6）某些洗井液中的添加剂（如木质磺酸盐）在高温（170~190℃以上）时热分解生成硫化氢。

（7）被无水石膏浸污的泥浆中硫酸盐类生物分解生成硫化氢。

（8）某些含硫原油或含硫水被用于泥浆系统。

（二）井下作业（修井）施工中硫化氢的来源

对于含硫化氢油气井，井下作业时循环洗井、循环压井、抽吸排液、放喷排液都会释放出硫化氢气体，所以循环罐、油罐和储浆罐周围有可能存在硫化氢气体，这是由于修井时液体的循环、自喷或抽吸井内的液体进入罐中造成的。硫化氢可以以气态的形式存在，也可以存在于井内的修井液中。井内液体中的硫化氢可以通过液体的循环、自喷、抽吸或清洗油罐释放出来。

在井口、压井液、放喷管、循环泵及管线中也可能有硫化氢气体。

在对地层的酸化压裂时，地层中的某些含硫的矿石如硫化亚铁与酸液接触也会产生硫化氢。

另外，通过修井与修井时流入的液体，硫酸盐产生的细菌可能会进入以前未被污染的地层，这些细菌将分解硫酸盐从而产生硫化氢。

（三）采油（采气）集输中硫化氢气体的来源

在采油（采气）作业中，以下场所或装置可能有硫化氢气体的泄漏。

（1）水、油或乳化剂的储藏罐。

（2）用来分离油和水、乳化剂和水的分离器。

（3）空气干燥器。

（4）输送装置，集油罐及其管道系统。

（5）用来燃烧酸性气体的放空池和放空管汇。

（6）油气装载场所。

（7）计量站调整或维修仪表。

（8）气体输入管线系统之前，用来提高空气压力的空气压缩机。

（9）提高石油回收率采用的一些方法或工艺也可能会产生硫化氢气体。

（10）酸洗输油输气管道时也可产生硫化氢气体。如：酸洗一个高30.48m、直径1.83m的容器时，约0.45kg的硫化铁发生化学反应产生的硫化氢达到2250mg/m³。

（11）注水作业时，注入作业液中的硫酸盐被细菌及微生物分解后，造成对地层的污染，在地层中产生硫化氢气体，使硫化氢的含量增加。

（四）石油化工中硫化氢气体的来源

对于石油化工企业，硫化氢通常出现在炼油厂、化工厂、脱硫厂、油/气/水井或下水道、沼泽地以及其他存在腐烂有机物的地方。

（1）原始有机质转化为石油和天然气的过程中会产生硫化氢。

（2）在炼油化工过程中，硫化氢一般是以杂质形式存在于原料中或以反应产物的形式存在于产品中。

（3）硫化氢也可能来自辅助作业或检维修过程。例如用酸清洗含有硫化亚铁（FeS）的容器，发生酸碱反应生成硫化氢；或将酸排入含硫废液中，发生化学反应生成硫化氢。

（4）水池管道中长期注入含氧水（如海水、含盐水、地下水），在注入过程中由于硫酸盐还原菌的作用，会导致水池中的溶液酸化而产生硫化氢。

（五）石油企业辅助过程中硫化氢的来源

硫化氢存在的范围很广，不同行业的辅助过程、厂区的市政工程以及废弃闲置的空间均可能存在。石油企业的辅助过程中也可能产生硫化氢,如污水处理中硫化氢主要来自含硫有机物的分解和硫酸盐的厌氧还原。厌氧情况下,含硫有机物会分解产生大量硫化氢,淤泥层中的硫酸盐还原菌会将硫酸盐还原成硫化氢。部分逸出水面,但大量的硫化氢溶于水中,当池水被搅动(如作业人员下池)时可大量逸出水面,造成硫化氢中毒。污水处理中硫化氢的分布:污油池、隔栅、污油泵房、进水泵房等;阀门井、下水井、流量计井;各类集水坑、污水池、储槽和所有低洼地;污水化验分析及各化验采样口;加、卸硫酸系统。

(六)易发生硫化氢中毒的作业环节

与石油加工生产、作业活动及其相关过程中,易发生硫化氢中毒的作业环节主要有:

(1)含硫油气田的钻井、修井、采油、采气集输等作业过程,出现井涌、井喷及其失控。

(2)石油、天然气以及煤气化生产工艺装置,含有硫化氢的设备、管线发生泄漏。

(3)含硫化氢物料非密闭采样。应特别注意油罐的顶盖、计量孔盖和封闭油罐的通风管,都是硫化氢向外释放的途径。

(4)石油加工、化工企业含硫化氢装置设备检维修作业,含硫化氢物料储罐内检维修及清罐作业,含硫化氢污水切水、排凝等作业。

(5)石油及其加工、化工企业的一些特殊的辅助作业过程,泄漏、检维修等。如注汽、注聚合物等。

(6)密闭、半密闭空间的涵洞、隧道、管廊、仓、罐、槽等相关作业及其清理、维护等。

(7)地下沟渠、窖、井、化粪池、沼气池等含污水处理场所的清理、挖掘、疏通、维修等作业。

(8)其他可能的涉硫作业活动或环节。

三、硫化氢风险评价实施

在识别出本单位、施工作业项目硫化氢可能存在的工艺、设备、场所、作业活动与环节的基础上(特别应注意石油勘探开发过程中来自地质环境条件下的硫化氢状况),应根据硫化氢的检测结果、预测情况,人员与硫化氢职业接触的程度等,对其危险性进行风险评价,确定该涉硫化氢作业的风险水平,并根据评价结果采取相应防护措施以消除或降低其危害,确保风险在有效的控制范围内。

在涉硫或预测涉硫，尤其高含硫的石油化工行业，在其整个生命周期内的各个阶段都应进行硫化氢风险评价工作。如石油勘探钻井、修井、采油采气、集输阶段，石油加工的设计、生产、检维修以及产品或工艺设备设施的报废或废弃阶段都需进行。硫化氢风险评价工作有能力的单位可自行组织进行，也可委托有风险评价能力的技术咨询服务机构进行。

1. 硫化氢风险评价应考虑的情况

（1）存在硫化氢工作场所的主要工作内容，职业安全卫生操作规程可靠性分析；

（2）硫化氢可能泄漏或逸散的场所部位，泄漏或逸散的原因分析，泄漏或逸散量估计，周围地质地貌等自然环境和气象条件等可能影响范围分析，出现泄漏或逸散后控制措施分析；

（3）硫化氢工作场所作业人员数量，作业人员接受硫化氢知识培训情况，掌握自救互救技能人员数量；

（4）工作场所硫化氢防护设施及使用运行情况；

（5）个人防护用品配备种类及适用性和数量分析；

（6）工作场所附近可使用的应急救援设施的配置情况及适用性分析；

（7）硫化氢中毒事故应急救援预案可行性分析；

（8）硫化氢工作场所周边医疗救护机构救护能力分析；

（9）硫化氢工作场所周边人群及社会单位分布情况。

2. 硫化氢风险评价方法介绍

每一类风险评价方法都有其适合的范围，不同阶段、不同的作业活动应选择适合的方法。预先危险性分析（PHA）适用于工程初步设计阶段的概略分析；危险与可操作性分析（HAZOP）通过结构化和系统化的方式识别潜在的危险与可操作性问题，分析结果有助于确定合适的补救措施；保护层分析（LOPA）是在定性危害分析的基础上，进一步评估保护层的有效性，并进行风险决策的系统方法，其主要目的是确定是否有足够的保护层使过程风险满足企业的风险可接受标准；计算机模拟分析法是根据事故的数学模型，应用计算数学方法，求取事故对人员的伤害模型范围或对物体的破坏范围，如液体泄漏模型、气体泄漏模型、爆炸冲击波超压伤害模型和毒物泄漏扩散模型。其他可选择的风险评价方法还有故障类型与影响分析法、事件树分析、故障树分析、JSA、失效模式与后果分析等。

作业过程的硫化氢风险评价推荐采用作业条件危险性评价方法（LEC），它是对具有潜在危险性作业环境中的危险源进行半定量的安全评价方法。用于评价操作人员在具有潜在危险性环境中作业时的危险性、危害性。潜在危险性评价从三个方面进行，$D=L*E*C$。

　　L——发生事故的可能性大小，见表1-2；

　　E——人体暴露在这种危险环境中的频繁程度，见表1-3；

　　C——一旦发生事故会造成的损失后果，见表1-4；

　　D——危险程度，见表1-5。

　　通过D值大小来评价作业条件危险性的大小，它一定程度上凭经验判断，应用时需要考虑其局限性，根据实际情况予以修正。风险等级和三种因素的不同等级可自行定义，分别确定不同的分值。

表1-2　事故发生的可能性（L）

分数值	事故发生的可能性	分数值	事故发生的可能性
10	完全可以预料	0.5	很不可能，可以设想
6	相当可能	0.2	极不可能
3	可能，但不经常	0.1	实际不可能
1	可能性小，完全意外		

表1-3　暴露于危险环境的频繁程度（E）

分数值	暴露于危险环境的频繁程度	分数值	暴露于危险环境的频繁程度
10	连续暴露	2	每月一次暴露
6	每天工作时间内暴露	1	每年几次暴露
3	每周一次或偶然暴露	0.5	非常罕见暴露

表1-4　发生事故产生的后果（C）

分数值	发生事故产生的后果	分数值	发生事故产生的后果
100	10人以上死亡	7	严重
40	3~9人死亡	3	重大，伤残
15	1~2人死亡	1	引人注意

表1-5　危险程度分级（D）

D值	危险程度	D值	危险程度
>320	极其危险，不能继续作业	20~70	一般危险，需要注意
160~320	高度危险，要立即整改	<20	稍有危险，可以接受
70~160	显著危险，需要整改		

　　对有显著危险性的作业，需要及时整改；对高危险的作业必须立即采取措施进行整改；对极其危险的作业，应立即停止生产直到环境得到改善为止。

第二章 硫化氢检测与防护设施

第一节 硫化氢检测方法与设施

在涉硫区域开展作业时，一旦硫化氢气体浓度超标，将威胁作业人员的健康与安全，引起人员中毒甚至死亡，因此硫化氢检测、报警设备的配备使用非常重要。

硫化氢气体的检测一般采用两种方法：一是现场取样化验室测定法，该方法测定准确度较高，但测定程序烦琐，不能及时得到测定的数据；二是现场直接测定法，该方法测定迅速，利于现场使用，但测定误差较大。

现场直接测定法常用的仪器有比长（色）式硫化氢测定管、便携式硫化氢检测仪和固定式硫化氢检测仪。

一、比长（色）式硫化氢测定管

（一）性能参数

功能：检测 H_2S 气体的浓度。

测量范围：$2 \sim 1000ppm$（$1ppm = 1.5mg/m^3$）。

使用温度：$0 \sim 40℃$。

通气体积：100mL。

（二）结构组成

比长（色）式硫化氢检测仪由测定管与采气筒两部分组成。

如图2-1所示，测定管由无色透明的玻璃管外壳、指示胶、隔离层、堵塞物等组成。

如图2-2所示，采样筒由活塞筒与变换阀组成。活塞筒用来抽取或压出气体，变换阀则可以改变气样流动方向或阻断气流。当阀门把处于与接头胶管同向时，活塞筒与接头胶管相通；当将阀门把顺时针方向旋转至与气嘴同向时，气嘴与活塞筒相通；当阀门把与活塞筒轴心线成夹角45°时，变换阀将活塞筒与外界隔断。在拉杆上刻有标尺，可以表示出手柄拉动到某一位置时吸入活塞筒的气体体积(mL)。接头胶管是采样器与检测管之间的连接件。

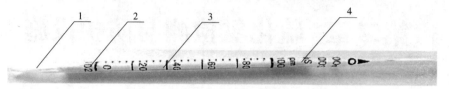

图2-1 比长(色)式硫化氢气体检测测定管

1—玻璃管外壳；2—隔离层；3—指示胶；4—堵塞物

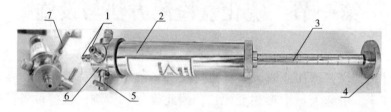

图2-2 采样筒

1—气嘴；2—活塞筒；3—拉杆；4—手柄；5—阀门把；6—变换阀；7—接头胶管

(三) 使用方法

(1) 于测定现场用空气冲洗采样器后，用专用采样筒按要求一次采现场空气气样(具体数量按测定管说明书要求确定)。

(2) 用小砂轮片或采气筒变换阀端面的小孔断开测定管两端。

(3) 用短胶管将测定管的下端(浓度标尺有 0 的一端)按要求连接在采样筒胶管接头。

(4) 将采样筒中气样按一定的速度匀速注入测定管。硫化氢气体与检测管中的指示胶起反应，产生一个变色柱或变色环(注：注入速度请参照测定管使用说明书)。

(5) 当变色柱或变色环稳定后，由变色柱或变色环上所指示的刻度可直接从测定管上读取硫化氢体积浓度值(ppm)。

(四) 适用场合

当大气中的硫化氢浓度超过所用检测装置的测量范围时，应配置比长(色)式检测仪，以便取得瞬时气体样本，确定密闭装置、储罐、容器等中的硫化氢浓度。

(五) 缺点

(1) 只能点测，无法提供定量分析以及连续检测与报警。

(2) 携带不方便，存在有效期限制(一般为 2 年)。

(3) 比长(色)管的响应速度比较慢(大约需要几分钟),不利于即时获得检测数据。

二、便携式硫化氢检测仪

(一) 特点

便携式硫化氢检测仪(如图 2-3 所示)具有声光报警、浓度显示和远距离探测的功能。如腰带式电子检测器,具有体积小、质量小、反应快、灵敏度高等优点。在夜间可利用其照明功能进行照明。在强噪声环境中,可通过耳机监听声音报警。

图 2-3 便携式硫化氢检测仪

(二) 工作原理

便携式硫化氢检测仪的传感器应用了定电压电解法原理,其构造是在电解池内安置了三个电极(即工作电极),对电极和参比电极施加一定极化电压,使薄膜同外部隔开,被测气体透过此膜到达工作电极,发生氧化还原反应,传感器此时将有一输出电流,此电流与硫化氢浓度成正比关系,这个电流信号经放大后,变换送至模/数转换器,将模拟量转换成数字量,然后通过液晶显示器显示出来。

(三) 便携式硫化氢检测仪参数要求

便携式硫化氢检测仪参数应符合表 2-1 的要求。

表 2-1 便携式硫化氢检测仪参数要求

名 称	技术参数	名 称	技术参数
监测精度/%	≤1	连续工作时间/h	≥1000
报警精度/(mg/m³)	≤5	工作温度/℃	-20~55(电化学式);-40~55(氧化式)
报警方式	a) 蜂鸣器;b) 闪光	相对湿度/%	≤95
响应时间/s	T_{50}≤30(满量程50%)	安全防爆性	本安型

(四) 检定要求

根据《硫化氢环境人身防护规范》(SY/T 6277—2017),便携式硫化氢检测仪的检验应符合以下要求:

(1) 便携式硫化氢检测仪的检验应由具有能力的鉴定检验机构进行。

(2) 便携式硫化氢检测仪每年至少检测一次。

(3) 在超过满量程浓度的环境使用后应重新检验。

三、固定式硫化氢检测仪

现场需 24h 连续监测硫化氢浓度时，应采用固定式硫化氢检测仪。固定式硫化氢检测仪由两部分组成，一部分是气体报警控制器，一部分是硫化氢气体探测器，采用三芯或四芯屏蔽电缆把探测器和控制器上的接线端子连接

起来，起到现场监测的作用。这种检测仪主机一般多装于中心控制室（可扩展到总监或平台经理办公室等），检测仪探头置于现场硫化氢易泄漏或聚集的区域（如图 2-4 所示），现场硫化氢检测探头的数量和位置按照有关设计规范进行布置。一旦探头接触硫化氢，它将通过连接线传到中心控制室，显示硫化氢浓度，并有声光报警。固定式硫化氢检测仪是工业用可燃气体及有毒气体安全检测仪器，具有检测准确度高、性能稳定、质量可靠、抗中毒、抗干扰能力强等特点。可以长期检测易燃易爆气体，也可以长期工作于有毒有害环境。

图 2-4　固定式
硫化氢检测探头

（一）工作原理

固定式硫化氢检测报警仪的工件原理与便携式硫化氢检测仪相同。报警器探头主要是接触燃烧气体传感器的检测元件，由铂丝线圈上包氧化铝和黏合剂组成球状，其外表面附有铂、钯等稀有金属。因此，在安装时一定要小心，避免摔坏探头。

（二）安装

探头一般安装在离可能泄漏硫化氢气体地点处 1m 范围内，这样探头的实际反应速度比较快。否则，有可能出现泄漏点处局部气体已经超标，而探头处硫化氢气体浓度不超标，主机不能及时报警的现象。探头不要置放于被化学或高湿度（如蒸汽）污染的地方或者置放于振动筛上方有烟雾的地方，应安放在方井、喇叭口处、振动筛、钻井液循环罐、司钻或操作员位置、井场工作室及其他硫化氢可能聚集的区域。

主机一般安放在有人坚守的值班室内。有声、光显示功能，应安装在工作人员易看到和易听到的地方，以便及时消除隐患。

硫化氢气体报警器固定式安装一经就位，其位置就不易更改，安装应用时应考虑以下几点：

（1）弄清所要监测的装置有哪些可能泄漏点，分析它们的泄漏压力、方

向等因素，并画出探头位置分布图，根据泄漏的严重程度分成Ⅰ、Ⅱ、Ⅲ三种等级。

（2）根据所在场所的气流方向、风向等具体因素，判断当发生大量泄漏时，有毒气体的泄漏方向。

（3）结合空气流动趋势，综合成泄漏的立体流动趋势图，并在其流动的下游位置作出初始设点方案。

（4）研究泄漏点的泄漏状态是微漏还是喷射状。如果是微漏，则设点的位置就要靠近泄漏点一些。如果是喷射状泄漏，则要稍远离泄漏点。综合这些状况，拟定出最终设点方案。

（5）对于存在较大有毒气体泄漏的场所，根据有关规定每相距10～20m应设一个检测点。对于无人值班的小型且不连续运转的泵房，需要注意发生有毒气体泄漏的可能性，一般应在下风口安装一台检测器。

（6）应将检测器安装在低于泄漏点的下方平面上，并注意周围环境特点。对于容易积聚有毒气体的场所应特别注意安全监测点的设定。

（7）对于开放式有毒气体扩散逸出环境，如果缺乏良好的通风条件，也很容易使某个部位的空气中有毒气体含量接近或达到爆炸下限浓度，这些都是不可忽视的安全监测点。不正确的安装和校验会导致其起不到应有的作用。

（8）报警器的周围不能有对仪表工作有影响的强电磁场（如大功率电机、变压器）。

（三）零点调节与探头校正

（1）零点调节。传感器经极化稳定后，在现场没有被检测气体的情况下，将探头顶盖打开，调节调零电位器"Z"，使主机显示为"000"，并测量探头输出信号应为$(+400\pm5)$mV。

（2）探头校正。探头一般每年校正一次（说明书要求与此时间不一致时，须按说明书要求校正）。将已知浓度的标准硫化氢气体，通过流量计控制在300mL/min，再通过导管与附带的标气罩连接，将标气罩套在探头防虫网上通气1min后，探头输出稳定，通过调节"S"（顺时针调节输出变大，逆时针调节输出变小）使主机的显示值与气体标准值相同，调节好后输出稳定后，可以停气，然后在纯空气环境中观察探头能否回到零点，检查无误，再重复进行一次，没有问题后标定结束。

（四）检验要求

（1）固定式硫化氢检测系统的检验应由企业认可的有检验能力的机构进行。

（2）固定式硫化氢检测系统每年至少检验一次。

（3）在超过满量程浓度的环境使用后应重新校验。

（五）使用维护及注意事项

（1）硫化氢检测仪属于精密安全仪器，不得随意拆动，以免破坏防爆结构。

（2）每月校准一次零点。

（3）保护好防爆部件的隔爆面，不得损伤。

（4）为保证传感器探头的检测准确度，用户应根据要求定期进行标定（具体时间按说明书要求）。

（5）经常或定期清洗探头的防雨罩，用压缩空气吹扫防虫网，防止堵塞。

（6）在通电情况下严禁拆卸探头。

（7）在更换保险管时要关闭电源。

四、硫化氢环境作业的报警设置

GBZ/T 223—2009《工作场所有毒气体检测报警装置设置规范》规定，有毒有害物质检测报警值应根据有毒气体和现场实际情况分级设定，可设预报、警报、高报三级。不同级别的报警信号要有明显的差异。用人单位应根据有毒气体毒性及现场情况，至少设定报警值和高报值两级，或者设定预报值和报警值两级。

预报值为 GBZ 2.1 所规定的 MAC 或 PC-STEL 的 1/2；无 PC-STEL 的物质，预报值可设在相应的超限倍数值的 1/2；预报值提示该现场可能发生有毒气体释放，应对相应设备进行检查，采取有效的预防控制措施。

警报值为 GBZ 2.1 所规定的 MAC 或 PC-STEL 值，无 PC-STEL 的物质，预报值可设在相应的超限倍数值；警报值提示该工作场所空气中有毒气体已经达到或超过国家规定的职业卫生标准，应立即寻查释放点，采取相应的防止释放、通风排风和人员防护等措施。

高报值应综合考虑有毒气体毒性、作业人员情况、事故后果、工艺设备、气象条件等各种因素后确定。高报值提示该场所有毒气体大量释放，已经达到危险程度，应迅速启动应急救援预案，做好工作人员防护和相关人员的疏散。

一般情况下硫化氢环境设置两级报警值，低报警值为 10mg/m³（6.7ppm），高报警值应设置在 30mg/m³（20ppm）。

硫化氢环境石油作业设置了三级警报值，第一级报警值应设置在阈限值［硫化氢含量 10mg/m³（6.7ppm）］，达到此浓度时启动报警，提示现场作业人员硫化氢的浓度超过阈限值，应采取相应的措施。第二级报警值应设置在安全临界浓度［硫化氢含量 30mg/m³（20ppm）］，达到此浓度时，现场作业人员应佩戴正压式空气呼吸器。第三级报警值应设置在危险临界浓度[硫化氢含量 150mg/m³(100ppm)]，报警信号应与第二级报警信号有明显区别，警示立即组织现场人员撤离，并采取相应的措施。

出现其他有毒有害气体、可燃气体时，须按规定设置报警。

第二节　涉硫场所个体防护装备

硫化氢环境条件下作业或应急救护等所需个体防护装备应与作业环境条件、作业内容等有密切关系，一般可包括：身体用劳动防护用品、呼吸类防护用品、眼部防护用品、安全带(绳)、相互联系的设备、通风设备、检测报警设备等。重点是呼吸类防护用品的配备使用。可根据硫化氢作业环境浓度选择呼吸和眼部防护用具，参照表2-2。

表2-2　呼吸、眼部防护器具的选择

序号	硫化氢浓度范围/(mg/m³)	呼吸防护用品	眼部防护用品	备注
1	≤10	可防硫化氢的过滤式呼吸防护用品	防护镜	硫化氢敏感
2	>10 且≤50	全面罩过滤式呼吸防护用品	—	—
		半面罩过滤式呼吸防护用品	防护镜	—
		全面罩隔绝式呼吸防护用品	—	—
		半面罩隔绝式呼吸防护用品	防护镜	—
3	>50 且≤100	全面罩携气式或供气空气呼吸器，全面罩送风过滤式呼吸防护用品	—	—
4	氧气浓度未知、氧气浓度<19.5%、硫化氢浓度未知、硫化氢浓度超过 IDLH 浓度的环境	全面罩携气式或供气空气呼吸器	—	—

注：硫化氢 IDLH 浓度为 142mg/m³(100ppm)。

一、正压式空气呼吸器

正压式空气呼吸器是一种自给开放式消防空气呼吸器，主要适用于消防、化工、船舶、石油、冶炼、厂矿、实验室等处，能够在充满浓烟、毒气、蒸气或缺氧的恶劣环境下安全地进行作业或抢险救灾、救护工作。

当环境空气中硫化氢浓度超过 30mg/m³(20ppm)需要连续工作时，工作人员必须佩戴正压式空气呼吸器。正压式空气呼吸器能给工作人员提供一个安全呼吸的环境，其有效供气时间应大于30min。正压式空气呼吸器对于一个在硫化氢潜在的环境中工作的人员是必不可少的，所以掌握正压式空气呼吸器的正确使用方法是非常重要的。

（一）正压式空气呼吸器的型号编制规则

依据 GA 124—2013《正压式消防空气呼吸器》，正压式消防空气呼吸器型号的编制应符合下列规定：

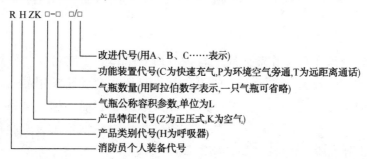

示例1：RHZK 6.8 表示气瓶数量为一只，气瓶的公称容量为6.8L 的正压式空气呼吸器。

示例2：RHZK 6.8-2 CPT/A，表示气瓶数量为两只，气瓶的公称容积分别为6.8L，带有快速充气、环境空气旁通、远距离通话装置，经过第一次改进的正压式空气呼吸器。

正压式空气呼吸器系列按照气瓶公称容积划分为 3L、4.7L、6.8L、8L、9L、12L。

（二）正压式空气呼吸器组成与使用

正压式空气呼吸器一般由面罩、气瓶、瓶带组、肩带、报警哨、压力表、气瓶阀、减压器、背托、腰带组、快速接头、供给阀组成，具有质量轻、体积小、使用维护方便、佩戴舒适、性能稳定等优点。具体结构和各个部分功能等见本书第九章相关内容。

正压式空气呼吸器使用是一项正规的技术工作，且使用不当会对使用人员造成一定的危害，应严格认真对待。使用人员必须经过正规的培训、操作练习、考核合格后方可佩戴使用正压式空气呼吸器。正压空气呼吸器的操作练习具体见本书第九章相关内容。

二、防毒面具(罩)

防毒面具是个体特种劳动防护用品，也是单兵防护用品，戴在头上，保护人的呼吸器官、眼睛和面部，防止毒气、粉尘、细菌、有毒有害气体或蒸气等有毒物质伤害的个人防护器材。防毒面具广泛应用于石油、化工、消防、抢险救灾等领域，防毒面具从造型上可以分为全面具和半面具，全面具又分为正压式和负压式。

防毒面具由面罩、导气管和滤毒罐组成，面罩可直接与滤毒罐或滤毒盒连接使用，称为直连式；或者用导气管与滤毒罐和滤毒盒连接使用，称为导管式。防毒面罩可以根据防护要求分别选用各种型号的滤毒罐。硫化氢环境条件下可按表 2-2 进行选择。

（一）防毒面具分类

按防护原理，可分为过滤式防毒面具和隔绝式防毒面具。

（1）过滤式。由面罩和滤毒罐（或过滤元件）组成。面罩包括罩体、眼窗、通话器、呼吸活门和头带（或头盔）等部件。滤毒罐用以净化有毒气体，内装滤毒层和吸附剂，也可将这两种材料混合制成过滤板，装配成过滤元件。较轻的（200g 左右）滤毒罐或过滤元件可直接连在面罩上，较重的滤毒罐通过导气管与面罩连接。

（2）隔绝式。由面具本身提供氧气，分储气式、储氧式和化学生氧式三种。隔绝式面具主要在高浓度染毒空气（体积浓度大于 1% 时）中，或在缺氧的高空、水下或密闭舱室等特殊场合下使用。

（二）选择和使用

（1）应该正确的选择防毒面具，选对型号，确认出毒气是哪一种毒气，现场的空气中毒物的浓度是多少，空气中氧气含量是多少，温度又是多少度。应该特别地留意防护面具的滤毒罐所规定的范围以及时间。在氧气浓度低于 19% 时，禁止使用负压式防毒面具。

（2）在使用防毒面具之前，应该对其进行认真的检查，查看各部位是否完整，有无异常情况发生，其连接部分是不是接好了，仔细看看整个面具的气密性是不是特别的好。

（3）对于在工作中要使用到防毒面具的劳动者，要对他们进行专门的培训，以便他们能够正确地使用防毒面具。在使用防毒面具时，应该选择一个比较合适的面罩，要保持防毒面具内气流畅通，在有毒环境中要迅速戴好防毒面具。

（4）当防毒面具出现使用故障时，应该立即离开有毒的区域。

（5）在每次使用防毒面具前必须进行气密性实验，并检查各配件是否有老化痕迹，各关键配件是否完整；每次使用防毒面具完毕后及时清洁保养；记录累计使用时长；及时更换滤毒盒、滤棉。

三、眼睛防护设施

眼睛防护设施包括防护目镜和洗眼器等。低浓度硫化氢的场所可使用防护目镜，较高浓度时由于使用了防毒面具或正压式空气呼吸器，不用重复使用防护目镜。

紧急洗眼器和冲淋设备是在有毒有害危险作业环境下使用的应急救援设施。当现场作业者的眼睛或者身体接触有毒有害以及具有其他腐蚀性化学物质的时候，可以使用这些设备对眼睛和身体进行紧急冲洗或者冲淋，主要是暂时减缓化学物质对人体造成进一步伤害。但是这些设备只是对眼睛和身体进行初步的处理，不能代替医学治疗。情况严重的，必须尽快进行进一步的医学治疗。紧急洗眼器广泛应用于石油、化工、医药、消防、电力和港口等场所。

（一）洗眼器分类

（1）复合式洗眼器，是配备喷淋系统和洗眼系统的紧急救护用品，直接安装在地面上使用。当化学品物质喷溅到工作人员服装或者身体上的时候，可以使用复合式洗眼器的喷淋系统进行冲洗，冲洗时间至少大于 15min；当有害物质喷溅到工人眼部、面部、脖子或者手臂等部位时，可以使用复合式洗眼器的洗眼系统进行冲洗，冲洗时间至少大于 15min。

（2）立式洗眼器，只有洗眼系统，没有喷淋系统，安装在工作现场的地面上使用。当有害物质喷溅到工人眼部、面部、脖子或者手臂等部位时，可以使用立式洗眼器的洗眼系统进行冲洗，冲洗时间至少大于 15min。立式洗眼器产品有：进口立式洗眼器、不锈钢立式洗眼器、TOP 不锈钢立式洗眼器、电加热立式洗眼器、电伴热立式洗眼器、防冻型立式洗眼器。

（3）壁挂式洗眼器，只有洗眼系统，没有喷淋系统，安装在工作现场的墙壁上使用。当有害物质喷溅到工人眼部、面部、脖子或者手臂等部位时，可以使用壁挂式洗眼器的洗眼系统进行冲洗，冲洗时间至少大于 15min。

（4）便携式洗眼器，适用于无固定水源或者需要经常变动工作环境的地方，可分为普通型便携式洗眼器和压力式便携式洗眼器。应用行业：海上油田、沙漠油田、疾病预防控制中心、港口作业等等。

（5）台式洗眼器，可以直接安装在工作现场的台面上，该洗眼器主要是用于工厂实验室、学校实验室或者医院实验室。台式洗眼器的救护半径范围5m，只有洗眼系统，只能够对面部、眼部、脖子和手臂等部位进行冲洗。台式洗眼器产品：不锈钢台式洗眼器、进口台式洗眼器(配备洗眼盆)、进口台式洗眼器(不配备洗眼盆)、进口接墙式洗眼器。

（6）紧急喷淋器，喷淋器、喷淋头系列产品只有喷淋系统，而没有洗眼系统。紧急情况可起到一定的清洗作用。

（二）洗眼器的结构

紧急洗眼器结构简单，一般情况下主要包括以下六个部分：

（1）洗眼喷头：用于对眼部和面部进行清洗的喷水口。

（2）洗眼喷头防尘罩：用于保护洗眼喷头的防尘装置。

（3）开关阀：用来打开和关闭水流的阀门装置。

（4）通水管：用来引导水流的装置。

（5）滤网：用来过滤掉进入洗眼器的碎片。

（6）底座：固定洗眼器。

第三节 涉硫场所安全设施配备

一、硫化氢检（监）测与防护设施配备

（一）检（监）测与报警配备

1. 硫化氢检测设置的场所或部位

SY/T 5087—2017《硫化氢环境钻井场所作业安全规范》要求硫化氢环境钻井作业现场应配备一套固定式硫化氢监测系统，至少在钻台、方井、钻井液出口罐、接受罐或振动筛、钻井液循环罐、未列入进入限制空间计划的所有其他硫化氢可能聚集的区域设置监测传感器，如司钻或操作员位置、井场工作室、取样口、放喷口、点火口等。现场人员应持便携式可燃气体检测仪随时巡回检测人员活动区域各个部位的硫化氢状况，如钻台、场地、机房、泵房、循环系统、发电房、值班房等处。

SY/T 6610—2017《硫化氢环境井下作业场所作业安全规范》要求硫化氢环境的陆上井下作业设施至少在方井、钻台或操作台、循环池、测试管汇区、分离器等位置安装固定式硫化氢探头。在硫化氢环境的海上井下作业设施至少在井口区甲板上、钻台上、污液舱或污液池顶部、生活区、发电机及配电房进风口的位置安装固定式硫化氢探头。现场人员应持便携式可燃气体检测仪随时巡回检测人员活动区域各个部位的硫化氢状况。

SY/T 7358—2017《硫化氢环境原油采集与处理安全规范》要求至少宜在以下场所安装硫化氢气体检测报警器：

（1）原油中转站以上的油泵房、计量间、含油污水泵房、脱水器操作间、反应器操作间。

（2）输送天然气的压缩机房、计量间、阀组间和收发球间。

（3）与硫化氢气体释放源场所相关联并有人员活动的沟道、排污口以及易聚集有毒气体的死角、坑道。

《硫化氢环境天然气采集与处理安全规范》要求至少宜在以下场所安装硫化氢气体检测报警器：

（1）硫化氢环境天然气场站、海上天然气生产设施的井口区和工艺区、净化厂的工艺区，以及在人员进出频繁的位置，或长时间设置密闭装置的位置应设置固定式硫化氢监测系统，该系统应带有报警功能。

（2）硫化氢平均含量大于或等于5%（体积）的集气站应设置硫化氢有毒气体泄漏监测系统。

（3）硫化氢平均含量大于或等于5%（体积）的天然气井，其井口方井池内宜设置固定式硫化氢检测仪器。

（4）硫化氢平均含量大于或等于5%（体积）的天然气处理厂内，在有毒可燃气体可能泄漏并可能达到最高允许浓度的场所，应设置固定式硫化氢监测系统。

石油加工企业硫化氢检测设置见第四章相关内容。

2. 检（监）测与报警配备数量

便携式硫化氢检（监）测与报警配备数量一般情况下按《硫化氢环境人身防护规范》规定的要求进行配备：

在已知含有硫化氢的陆上工作场所应至少配备探测范围为 $0 \sim 30 mg/m^3$（$0 \sim 20 ppm$）和 $0 \sim 150 mg/m^3$（$0 \sim 100 ppm$）的便携式硫化氢检测仪各两套。

在已知含有硫化氢的海上工作场所应至少配备探测范围为 $0 \sim 30 mg/m^3$（$0 \sim 20 ppm$）和 $0 \sim 150 mg/m^3$（$0 \sim 100 ppm$）的便携式硫化氢检测仪各两套，配备一套便携式比色指示管探测仪和一套便携式二氧化硫探测仪。

在预测含有硫化氢的陆上工作场所或探井井场应至少配备探测范围为 $0 \sim 30 mg/m^3$（$0 \sim 20 ppm$）和 $0 \sim 150 mg/m^3$（$0 \sim 100 ppm$）的便携式硫化氢检测仪各两套。当硫化氢浓度可能超过 $150 mg/m^3$ 时，应配备一个量程达到 $1500 mg/m^3$ 的高量程传感器。

在输送管道、污油水处理厂（池、沟）、电缆暗沟、排（供）水管（暗）道、隧道等其他可能含有硫化氢的场所，从事相应工作的单位应至少配备探测范围为 $0 \sim 30 mg/m^3$（$0 \sim 20 ppm$）的便携式硫化氢检测仪一套。

在满足标准的基础上，便携式硫化氢检（监）测与报警配备数量还应满足各类硫化氢环境条件下的特殊要求和内部管理规定要求。例如：有的企业规定现场钻井单位每人配备一台便携式硫化氢监测报警仪，施工作业队至少配备便携式硫化氢检测仪四台；采油矿、集输大队等油气生产三级单位配备便携式硫化氢检测仪五台；硫化氢含量在 20~100ppm 时联合站在计量岗、外输岗、值班岗、原油稳定岗、抽气岗各配备便携式硫化氢检测仪一台等。其他单位可参照配备。

固定式硫化氢监测报警系统的配备数量应满足硫化氢检测设置的场所或部位的要求。一般情况下是一套系统安装多个报警器探头。

为了监测高浓度硫化氢需要，有企业要求采油厂级单位应配备量程大于 500ppm 的便携式硫化氢检测仪两台。

（二）正压式空气呼吸防护设备配备

正压式空气呼吸器配备应根据现场硫化氢可能存在的状况、岗位人员、工艺与作业复杂程度、环境状况、外来人员等综合考虑后进行配备，并考虑一定冗余度，至少应满足相关作业专业安全技术标准要求配备的数量，一般可按《硫化氢环境人身防护规范》规定执行。

已知含有硫化氢，且预测超过阈限值的场所应至少按以下要求配备正压式空气呼吸器：

（1）陆上按在岗人员数 100% 配备，另配 20% 备用气瓶。

（2）海洋石油设施上按定员 100% 配备，另配 20% 备用气瓶。

预测含有硫化氢的场所或探井井场应至少按以下条件配备正压式空气呼吸器：

（1）陆上按在岗人员数 100% 配备。

（2）海上钻井设施配备 15 套。

（3）海上井下作业设施配备 10 套。

（4）海上有人值守的采油设施配备 6 套。

（5）海上录井、测井、工程技术服务队伍等按在岗人员数 100% 配备。

在输送管道、污油水处理厂（池、沟）、电缆暗沟、排（供）水管（暗）道、隧道等其他可能含有硫化氢的场所，从事相应工作的单位应配备满足工作要求的正压式空气呼吸器。

（三）空气压缩机配备

空气压缩机配备一般情况下可按《硫化氢环境人身防护规范》规定执行。

（1）在已知含有硫化氢的工作场所应至少配备一台空气压缩机，其输出空气压力应满足正压式空气呼吸器气瓶充气要求。

（2）没有配备空气压缩机的工作场所应有可靠的气源。

（3）空气压缩机的进气质量应符合以下要求：

① 氧气含量 19.5%~23.5%。

② 空气中凝析烃的含量小于或等于 $5×10^{-6}$（体积）。

③ 一氧化碳的含量小于或等于 $12.5mg/m^3$（10ppm）。

④ 二氧化碳的含量小于或等于 $1960mg/m^3$（1000ppm）。

⑤ 压缩空气在一个大气压下的水露点低于周围温度 5~6℃。

⑥ 没有明显的异味。

⑦ 避免污染的空气进入空气供应系统。当毒性或易燃气体可能污染进气口的情况发生时，应对压缩机的进口空气进行监测。

（4）空气压缩机应布置在安全区域内。

（5）空气压缩机操作人员应按说明书进行安全操作、维护和保养。

（6）气瓶充装人员资格应符合政府有关规定。

（四）风向标配备

在硫化氢环境的工作场所应设置白天和晚上都能看得清风向的风向标，风向标的设置应符合以下要求：

（1）风斗（风向袋）或其他适用的彩带、旗帜。

（2）根据工作场所的大小设置一个或多个风向标。

（3）安装在不会影响风向指示且易于看到的地方。

（4）风向标按照高点、低点相结合的原则设置在硫化氢风险区域且位置醒目，高度及位置应便于观察。低点风向标应设置在中控室、操作室等人员密集处。

（五）通风设施配备

硫化氢环境中，有人工作的受限空间内应配备有效的强制通风设施。受限空间的通风，应符合以下要求：

（1）正压式通风。

（2）进风口应位于安全区。

（3）通风设备的防爆等级应与其安装位置的危险区域级别相适应。通风设备应按照制造厂的使用说明书进行操作、检查、维护和保养。

（六）现场救护医疗设备与药品配备

硫化氢环境的工作场所一般情况下可按《硫化氢环境人身防护规范》规定配备以下医疗设备和药品：

（1）具有基础医疗抢救条件的医务室。

（2）氧气瓶、担架等。

（3）常用药品，如二甲基氨基酚溶液、亚硝酸钠注射液、硫代硫酸钠、维生素 C、葡萄糖等。

二、现场警示标志设置

硫化氢环境的工作场所一般情况下可按《硫化氢环境人身防护规范》规定设置现场警示标志。

在硫化氢环境的工作场所入口处应设置白天和夜晚都能看得清的硫化氢警告标志，如"硫化氢工作场所""当心中毒"等。硫化氢警告标志应符合以下要求：

（1）空气中硫化氢浓度小于阈限值时，白天挂标有硫化氢字样的绿牌、夜晚亮绿灯。

（2）空气中硫化氢浓度超过阈限值且小于安全临界浓度时，白天挂标有硫化氢字样的黄牌、夜晚亮黄灯。

（3）空气中硫化氢浓度超过安全临界浓度且小于危险临界浓度时，白天挂标有硫化氢这样的红牌、夜晚亮红灯。

（4）空气中硫化氢浓度超过危险临界浓度时，白天挂标有硫化氢字样的蓝牌、夜晚亮蓝灯。

此外，按相关规定设置一些特殊标志。如按《硫化氢环境天然气采集与处理安全规范》规定，气田水输送管线宜在水平转角处、道路、河流穿越和每一千米处设置标志桩。标志桩应包括含"硫化氢"或"有毒"的字样或标识、生产单位名称及可与其联系的电话号码。

如某些企业现场警示标志设置了如下的规定：

（1）硫化氢风险区域、取样点等重点部位应设置醒目的警示标识，在装置出入口设置硫化氢危害告知牌。

（2）硫化氢防护一级管控区域的周界地面应采用红色警示线标示区域范围，沿线涂示"硫化氢"字样，警示线宽度为 100mm。

（3）硫化氢浓度大于 150mg/m^3（100ppm）的管线应设置色环标识，按照三黑两黄的间隔色环进行漆色标识，黑色环带宽 100mm，黄色环带宽 300mm。放喷管线、机泵出入口处、管线与其他设备等连接处、管线拐角处、装置界区、临边道路等位置须设置色环标识。

第三章 硫化氢环境石油作业防护

石油行业相关标准要求硫化氢环境条件下从事石油天然气工作的人员(包括相关管理、技术、操作、设计、应急救援、现场服务人员等)必须年满18周岁,经过二等甲级医院的上岗前、离岗时、在岗期间(每年)的健康体检合格,没有疑似职业病或禁忌证,并需要进行专门的硫化氢安全防护培训合格才能上岗作业。为了帮助相关人员了解硫化氢环境下的防护要求,本章按钻井、井下作业、采油、采气生产集输分别进行全面阐述。

第一节 钻井作业硫化氢防护

一、钻井设计

涉硫钻井设计的主要设计人员应具有三年以上现场工作经验和经过硫化氢安全培训合格,设计审核人员应具有五年以上现场工作经验和经过硫化氢安全培训合格。现场施工时,选择的钻井施工队伍应具有硫化氢防护的能力和经验。

(一)地质设计

含硫气田(藏),是指天然气中含有硫化氢以及硫醇、硫醚等有机物的气田(藏)。含硫化氢气藏分类见表3-1。在地质设计阶段,根据勘探研究、区块地层情况和邻区钻井硫化氢含量等资料综合预测硫化氢分布层段和含量。对含硫化氢层段需加强监测,提高井控能力。

表3-1 含硫化氢气藏分类

项　目	微含硫气藏	低含硫气藏	中含硫气藏	高含硫气藏	特高含硫气藏	硫化氢气藏
硫化氢/%(体积)	<0.0013	0.0013~<0.3	0.3~<2.0	2.0~<10.0	10.0~<50.0	≥50.0
硫化氢/(g/m³)	<0.02	0.02~<5.0	5.0~<30.0	30.0~<150.0	150.0~<770.0	≥770.0

地质设计中，井场地理方位选择时应考虑硫化氢的扩散，根据 AQ 2017—2008《含硫化氢天然气井公众危害程度分级方法》规定，按照硫化氢释放速率，按表 3-2 划分公众危害程度等级，根据等级确定安全防护距离。

表 3-2　含硫化氢天然气井公众危害程度等级

危害程度等级	硫化氢释放速率/（m³/s）	危害程度等级	硫化氢释放速率/（m³/s）
一	RR≥5.0	三	0.01≤RR<1.0
二	1.0≤RR<5.0		

在新探区钻井，没有明确的产量预测和硫化氢含量可参照时，可按照经验划分等级。如表 3-3 为某企业南方勘探分公司探区内划分等级。

表 3-3　勘探分公司探区硫化氢天然气井公众安全危害程度等级划分

类　别	公众危害程度等级	备　注
海相常规气探井	一	
海相页岩气探井	二	不钻遇高产海相气层
陆相探井	三	含陆相页岩气探井

根据 AQ 2018—2008《含硫化氢天然气井公众安全防护距离》，设计井位应满足表 3-4 的安全防护距离要求。

表 3-4　含硫化氢天然气井公众安全防护距离要求

公众危害程度等级	与井口距离要求/m				其他要求
	民宅	铁路、高速公路	公共设施	城镇中心	常住居民
一	≥100	≥300	≥1000	≥1000	井口 300m 内≤20 户
二	≥100	≥300	≥500	≥1000	
三	≥100	≥200	≥500	≥500	

对于风险高、地形特殊、风向特殊、周边情况特殊的涉硫钻井要适当加大公众安全防护距离，并在地质设计中应明确预测的硫化氢结果，提示制定相应的安全技术措施。

（二）工程设计

1. 井身结构设计

含硫化氢油气井套管符合相应的硫化氢防护要求，满足生产周期要求。对含硫化氢油气层上部的非油气矿藏开采层应下套管封住，套管鞋深处应大于开采层底部深度 100m 以上。目的层为含硫化氢油气层以上地层压力梯度与之相差较大的地层时也应下套管封隔。

2. 钻井液设计

（1）钻开硫化氢含量大于 $1.5g/m^3$ 地层的设计钻井液密度的安全附加密度在规定范围内（油井为 $0.05\sim0.10g/cm^3$，气井为 $0.07\sim0.15g/cm^3$）取上限值；或附加井底压力在规定范围（油井为 $1.5\sim3.5MPa$，气井为 $3\sim5MPa$）内取上限值。井深小于或等于 4000m 的井应附加压力，井深大于 4000m 的井，应附加系数。

（2）应储备不低于 1 倍井筒容积的加重钻井液，同时储备能配置不低于 0.5 倍井筒容积加重钻井液的加重材料和处理剂；预探井、区域探井，在地质情况不清楚的井段，应加大加重钻井液储备量。

（3）加重钻井液密度按实设计最高钻井液密度附加 $0.20g/cm^3$，若实钻地层压力高于最高预测地层压力时，加重钻井液密度做相应调整。

（4）气层应添加相应的除硫剂并控制钻井液 pH 值，在钻开含硫地层前 50m，应将钻井液 pH 值调整到 9.5 以上直至完井，若采用铝合金钻杆时，pH 值应控制在 $9.5\sim10.5$ 之间。除硫剂加量 $1\%\sim2\%$，并在实钻过程中调整。

（5）含硫化氢层段不应开展前平衡钻井作业和气体钻井工作。

3. 钻机设计

根据最大钩载和防喷器组最大高度等相关参数确定钻机类型，钻机底座高度应满足含硫化氢油气井所需防喷器组的安装高度。

4. 取心设计

在含硫油气层中取心钻进必须使用非投球式取心工具，止回阀接在取心工具与入井第一根钻铤之间。

5. 井控装置设计

陆上石油井控装置设计应遵循以下条款：

防喷器压力等级应与相应井段中的最高地层压力相匹配，同时综合考虑套管最小抗内压强度的 80%，套管鞋处地层破裂压力、地层流体性质等因素。

钻开硫化氢含量大于 $1.5g/m^3$ 的气层前，在井口安装剪切闸板防喷器直至完井或原钻机试油结束。剪切闸板防喷器的压力等级、通径应与其配套的井口装置的压力等级与通径一致；区域探井、高含硫油气井钻井施工，从第一层技术套管固井后至完井，均应安装剪切闸板。

高含硫化氢的油气井应使用抗硫套管头、其压力等级应不小于最高地层压力。

应制定和落实井口装置、井控管汇、钻具内防喷工具、监测仪器、净化设备、井控装置的安装、试压、使用和管理的规定。

硫化氢含量大于 $1.5g/m^3$ 的天然气探井宜安装双四通、双节流、双液气分离器;新区第一口探井和高风险井宜安装双四通、双节流、双液气分离器。

含硫化氢天然气井放喷管线出口应接至距井口100m以外的安全地带,并尽量保持平直,放喷管线应固定牢靠。

硫化氢含量大于1.5g/m³的油气层钻井作业应在近钻头处安装钻具止回阀。

防喷管线、放喷管线在现场不应焊接,地层压力不小于70MPa、硫化氢含量大于1.5g/m³的油气井防喷管线应固定牢靠。

钻井液回收管线、防喷管线和放喷管线应使用经探伤合格的管材,防喷管线应采用标准法兰连接。

放喷管线至少应接两条,布局要考虑当地季节风向、居民区、道路、油罐区、电力线及各种设施等情况,其夹角为90°~180°,保证当风向改变时至少有一条能安全使用;管线转弯处的弯头夹角不小于120°;管线出口应接至距井口100m以上的安全地带;地层压力不小于70MPa、日产量不小于50×10⁴m³的油气井,管线出口处不允许有弯角。

液气分离器排气管线通径不小于排气口通径,并接出距井口70m以上的安全地带,相距各种设施不小于50m,出口端安装防回火装置,进液管线通径不小于78mm;真空除气器的排气管线应接出罐区,且出口距钻井液罐15m以上。

二、钻井设备与井场布置

(一)设备设施配备及检查

1. 设备设施配备

(1)根据井场地理位置及环境,钻前工程中必须建设防火墙,防火墙修建符合相关标准及技术要求。

(2)井架底座高度应满足井控装置安装的要求。井架底座内及钻井液暴露位置处应保持通风良好,井架底座内应采用防爆通风系统,防止有毒可燃气体聚集。

(3)钻井所需要的钻具、井下工具、井口工具以及井控设备设施等必须满足硫化氢环境作业的要求。井控装置、套管头、变径法兰、套管、套管短节应具有相应的抗硫腐蚀能力。高含硫气井井口、放喷管线及地面流程应符合防硫防腐设计要求。井口到分离器出口的设备、地面流程应抗硫腐蚀,下井管柱、仪器、工具应具有抗硫腐蚀性能。

(4)钻台和二层平台应按规定安装二层平台逃生器和钻台与地面专用逃生滑道及逃生通道,逃生通道须不少于两条。

（5）在钻台上、井架底座周围、振动筛、液体罐和其他硫化氢可能聚集的地方应使用防爆通风设备（如鼓风机或风扇），以驱散工作场所弥散的硫化氢。

（6）井口操作应避免金属撞击产生火花，设备的摩擦部位应设冷却装置。柴油机排气管道应安装火星熄灭器，对特殊井应将排气管道引出井场以外，并加以固定。进入井场车辆的排气管应安装阻火器。

（7）井场电气设备、照明器具及输电线路的安装应符合 SY/T 5225 中的规定。井架、钻台、机泵房、值班房的照明线路应各接一组电源，探照灯电路应单独安装，井场电线不得横跨主体设备，井架、钻台、机泵房、净化系统照明、探照灯及值班房等全部采用防爆灯，所有电气设备应达到防爆要求。

（8）井场灭火器材和安全要求应符合 SY/T 5974 中第 3.2.13 条及 SY/T 6228 中第 7 章规定，井场内严禁烟火，若需动火应执行 SY/T 5858 中的安全规定。

（9）硫化氢、二氧化硫、可燃气体和有毒有害气体检测、防护装置的现场配备充足，足以保证现场所有人员在现场长期工作的安全。高温高压天然气井在开钻前，应配备充足的自携气瓶式正压呼吸设备及 20 个以上备用钢瓶，并进行应急预案演练。

（10）钻入含硫化氢油气层前，应将机泵房、循环系统及二层平台等处设备的防风护套和其他类似的围布拆除。寒冷地区在冬季施工时，对保温设施采取相应的通风措施，以保证工作场所空气流通。

2. 设备的检查

硫化氢溶于水后形成弱酸，对金属有腐蚀形成电化学腐蚀和氢脆破坏。如果还含有其他腐蚀性组分如 CO_2、Cl^-、残酸等时，会加速金属材料的腐蚀，因此需要做好各钻具、设备的检测检查。

深井钻具管理，要严格执行钻具检查、倒换及探伤的使用制度，及时发现钻具事故隐患。二开后每次开钻前必须对钻具全面进行探伤（磁粉+超声波+漏磁）；钻井液钻井期间加重钻杆、钻铤、钻具稳定器、方钻杆每旋转（475±25）h，新钻杆（2500±100）h，一级钻杆（1100±100）h 对螺纹进行磁粉探伤检测，气体钻井期间应加密探伤；发生井下事故、故障时，如顿钻、卡钻等事故，故障解除后须对钻具进行探伤检测，特别是钻杆，应进行全面探伤（磁粉+超声波+漏磁）。不合格的钻具不能继续使用。

（二）井场布置

应了解当地季节的主要风向，井场前后或左右方向应与当地季节主风向一致，大门方向应面向当地季节的主要风向。图 3-1 给出了一个典型天然气井井场布置示意图。

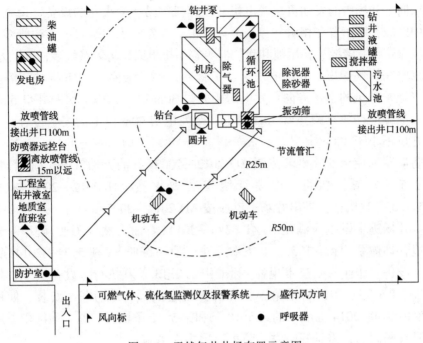

图 3-1 天然气井井场布置示意图

应将风向标设置在井场及周围的点上，保证井场所有人员在任何区域都能看得见一个风向标。安装风向标的可能位置：绷绳、工作现场周围的立柱、临时安全区、道路入口处、井架上、消防器材室等。风向标应挂在有光照的地方。

安全间距按照 SY/T 5974—2014《钻井井场、设备、作业安全技术规程》标准中 3.2.12 条款执行，含硫化氢天然气井按 AQ 2017—2008《含硫化氢天然气井公众危害程度分级方法》和 AQ 2018—2008《含硫化氢天然气井公众危害防护距离》标准执行。其中，井口距高压线及其他永久性设施不少于 75m；距民宅不少于 100m；距铁路、高速公路不少于 200m；距学校、医院和大型油库等人口密集性、高危性场所不少于 500m。现场不符合上述标准有关条件的，必须采取补救措施，确保安全。

硫化氢含量大于 150mg/m³（100ppm）的油气井应明确修一条备用应急通道，以便一旦出现硫化氢或二氧化硫泄漏的紧急情况下可根据风向选择从井场撤离。在确定井位任一侧的临时安全区位置时，应考虑季节风向。当风向不变时，两边的临时安全区都能使用。当方向发生 90°变化时，则应有一个临时安全区可以使用。但井口周围环境硫化氢浓度超过安全临界浓度时，未参加应急作业人员应撤离至安全区内。

（三）设备设施布置

钻井设备的安放位置应考虑当地的主要风向和钻开含硫化氢油气层时的季

节风风向。井场内的发动机、发电机、压缩机等易产生火花的设备、设施及人员集中区域，应布置在相对井口、节流管汇、天然气火炬装置或放喷管线、液气分离器、钻井液灌、备用池和除气器等容易排出或聚集天然气装置上风方向。

发电房、锅炉房、井场值班车、工程室、钻井液室、气防器材室等应设置在当地季节风的上风方向；发电房距井口 30m 以上，锅炉房距井口 50m 以上；储油罐应摆放在距井口 30m 以上、距发电房 20m 以上的安全位置，生活区离井口不小于 300m。

防喷器远控台安放要求按照 AQ 2012—2007《石油天然气安全规程》标准中 5.2.5.1.1 条款执行。放喷管线安装要求按 AQ 2012—2007 标准中 5.2.5.1.3 条款执行。进出井场车辆应按 AQ 2012—2007 标准中 5.5.7.2 条款执行。井场逃生设施应满足 SY/T 6276—2014《石油天然气工业 健康、安全与环境管理体系》标准中 5.5.1 条款。井场消防按照 SY/T 5974—2014《钻井井场、设备、作业安全技术规程》标准中 3.2.13 条款执行。设备安装、拆卸按照 SY/T 5974—2014 标准第 5 款和有关规定执行。井场电气安装、使用按照 SY/T 5974—2014 标准中的第 5.10 条和第 5.12 条执行。施工地区雨季时间长或时有暴雨的，需做好防洪、防大风雷雨等措施。

钻井用柴油机排气管无破漏和积炭，并有冷却防火装置，排气管出口不能朝向油罐区。

三、钻井作业硫化氢防护措施

（一）钻井过程硫化氢风险

硫化氢气体的密度比空气大，在现场会随着风向发生飘移、扩散；风越大，扩散速度越快、扩散的距离越远；雨雾天气，无风状态下基本不扩散，会弥漫在整个现场。对含硫化氢井而言，钻井作业过程中潜在隐患较多，危险性较大，主要体现在：

（1）碳氢化合物及硫化氢在钻探作业过程中发生泄漏后容易造成井喷失控、着火爆炸、硫化氢中毒等严重事故。

（2）当钻进气层后，遇到高压气流，如钻井井底压力不能平衡地层压力容易造成井喷和井喷失控事故。

（3）硫化氢气体在上升至井深 800~1000m，到达超临界状态，引发恶性井喷中毒事故。

（4）硫化氢、二氧化碳遇水引起腐蚀导致危险。

其中可能造成最大危害的是井喷失控喷射出的天然气遇火燃烧爆炸，造成冲击波和热辐射伤人以及硫化氢中毒伤亡事故。

（二）通用应对措施

（1）钻进中，提前加足除硫剂，使用钻井液除气器，及时将进入井筒的硫化氢气体从钻井液中清除，确保钻井液中没有硫化氢（万不得已的情况下短时间内含量可以控制在 $50mg/m^3$ 以下），有效除硫剂含量>10%，保证 pH 值在 10~11 以上。

（2）在从已知或怀疑含硫化氢地层中起出岩心之前应提高警惕。取心作业在岩心筒到达地面以前至少 10 个立柱，或有硫化氢显示时，应立即戴上正压式空气呼吸器。

（3）在可能出现或已经出现硫化氢污染的区域内工作时，必须配备检测、防护器具，一个人作业，一个人监护。可能出现或已经出现不具备安全工作条件的情况时，人员须迅速撤离。应对井场各个岗位和可能积聚硫化氢、二氧化硫和可燃气体的地方进行浓度检测，只有在安全临界浓度以下时，人员方可进入。

（4）在油气层钻进时，若在井场动用电、气焊，必须采取绝对安全的防火、防爆措施，并报上级安全部门批准。

（5）落实定期井控检查制度。正常情况下，钻井公司每季度至少检查 1 次，钻井队每月至少全面检查 1 次，特殊情况下有需要时须加密检查。钻井队对井控设备还须每天、每班都进行日常检查，可能使用前（可能进行井控作业前）进行系统检查（特别要检查储能器充氮气合格）。

（6）测试放喷时，所有产出气都应以确保人身安全的方式排放并燃烧。井队在现有条件下进行井控作业需要放喷点火时，须在放气前先点火。中途出现异常情况需要点火时，点火人员应佩戴防护器具和硫化氢、二氧化硫、可燃气体检测仪，并在上风方向，离火口距离不得少于 30m，用礼花弹远程射击点火。

（7）从已知或可能含硫化氢区域取样的人员在作业过程中应随时保持高度警惕。含硫化氢气体的取样和运输都宜采取适当防护措施。取样瓶宜选用抗硫化氢腐蚀材料，外包装上宜标识警示标签。

（三）高含硫气田施工应对措施

高含硫气田钻井技术要求不同于一般气田，特别体现在钻具及钻井设备与钻井液的选择上。

（1）钻杆要求钢级强度不超过 654.6MPa、硬度不大于 RC23 级的低合金钢。井口、法兰及螺栓等使用含铬 12%的不锈钢及 A11040 合金钢；井口设备采用金属对金属一次密封，避免焊接，以防硬度差异而产生裂缝及局部硫化氢腐蚀。

（2）由于含硫气井中硫化氢对套管及油管的腐蚀损坏相当严重，应优选高含硫气井完井方法和材料，一般采用抗硫合金钢管（含铬1.2%的J-55型）完井；套管固井用的水泥要用抗硫酸盐水泥；而套（尾）管射孔封隔器完井是国外高含硫气田最常采用的完井方式。

（3）对钻井液的密度及性能也有特殊要求，钻井液密度要足以防止硫化氢滤入，避免井喷，确保安全。在性能上，推荐使用油基泥浆，因为油湿的钢材有油膜的保护。应急时，在泥浆中加入过氧化氢，使硫化氢氧化，防止硫化氢对井场的人身危害。如果使用水基泥浆，则要用碱处理，以保持pH值大于9，减轻钻井液对钻具的腐蚀（因为pH值在9以上，不会产生原子氢，可免受氢脆对钻具的危害）。同时使用碱性碳酸铜或海绵状铁剂除掉泥浆中的硫化物。

（4）为了确保完井过程中的储层保护，一般采用对产层伤害小或没有伤害的完井液。完井液的要求是：防止硫化氢气体侵入井筒，水基完井的压井液最好用碱处理，pH值保持在9以上。

（四）井涌、井喷预防措施

（1）钻开产层前100m，做好队伍组织、人员思想、设备工具、技术安全措施、井口装置和器材设施的配套检查落实。

（2）落实井队班组井控岗位分工，明确职责。全井坐岗观察循环罐液面，及时发现溢流并汇报。加强地质分析，及时提出可靠的地层预报，尤其是对高压层上部盖层的预报，钻开油气层期间，坚持24h必须有井队干部值班，定岗、定人认真观察钻进、起下钻和其他作业时的钻井液出口及钻井液池液面的变化情况，取全取准资料，发现异常情况立即报告司钻和值班干部并立即采取必要的措施。

（3）配置、安装、试压、使用、维护、保养好井控装备，必须及时更换胶心及易老化的密封件，对防喷器试压一次，如气层中钻井作业较长，严格执行油气层"五不打开"原则（上部地层承压能力不足不能打开，压井液密度与数量、储备加重剂未满足设计要求不得打开，井口装置不执行设计、试压不合格不得打开，井控十二项制度不落实、防H_2S措施不到位不得打开，钻开油气层前检查验收未整改合格不得打开）。根据地质预报或邻井资料，在进入预计高压油气层前，对地面设备、循环系统、混合漏斗、搅拌器等进行全面检查，保证运转正常，除气器排气管线必须接出井场，出口置于安全区域。坚持每只钻头、每天做低泵速试验，记录井深、密度、泵压、排量。在排气口、放喷口设置自动和手动点火装置，先点火、后放气，在可能放气期间在排气口应设置长明火；钻开油气层前，应进行点火演练。

（4）钻井液密度在地层压力的基础上按标准附加。井场必须按设计储备重浆和加重材料，重浆储备罐上安装搅拌器、钻井液枪，并挂牌明示，定期搅拌，保证性能稳定。根据地层承压能力实验，确定允许最大关井压力及当量钻井液密度。确定压井时，根据关井压力确定压井钻井液密度，用保护油气层加重剂压井，要防止压漏。开启除气器、搅拌机、钻井液枪排气。达到停泵后井口不外溢，起钻灌好钻井液，下钻进行分段循环，观察油气上窜速度。加重压井作业不得在钻进过程中实施。

（5）经施工单位的上级主管部门验收合格后报甲方验收，接到开钻通知书后方可钻开主要油气层。

（6）油气层钻井作业中，应采取低速起钻。下钻时下放速度不宜过快，以减少抽吸和压力激动。每起 1 柱钻杆，必须灌满钻井液一次。钻井液工做好记录，及时校对，保证灌满井眼；下钻时，应认真记录返出量；发现异常，立即报告司钻和值班干部，查明原因，正确处理。坚持使用液面报警器，钻井、钻井液、录井三岗联座观察液面，每 15min 记录钻井液池液面一次。若遇特殊情况应 3~5min 观察一次出口钻井液池液面变化，发现溢流及时汇报，严格控制溢流量，关井按照井控规范要求组织实施。关井后观察立管和套管压力，及时报告队长和钻井技术员，采取正确方法压井，待井内恢复正常后，才可恢复钻进。油气水层钻进中，应用大水眼钻头并使用旁通阀，不可以使用动力钻具，以利于加重钻井液，压井和堵漏等工艺的实施。

（7）钻开主要产层遇有井漏，井漏显示的当只钻头，以及特殊作业之前均应短程起下钻，以 10~15 立柱为宜；如果气侵严重，可调整钻井液密度平衡地层压力。

（8）检修设备应安排在下钻到套管鞋时进行，并在钻柱上装钻具回压阀。电测前井下情况必须正常、稳定，电测时应准备 1 柱带钻具回压阀的钻杆，以备井内异常时强行下入控制井口。任何时候发现溢流应按井控规范控制井口，根据关井压力确定压井液密度，尽快按压井程序压井。严禁循环观察、钻进观察、静止观察等违章现象发生。避免长时间关井，在等候加重或在加重过程中，要间断注高密度钻井液，同时，用节流管汇控制回压，保持井底压力略大于地层压力状态下排放钻井液。若等候时间长，则应及时实施司钻法第一步，排除污染，防止井口压力过高。井口压力过高时应特别注意这项工作。

（9）控制住井口后，应对井控装置主体及节流压井管汇、远程控制台等部位详细检查，如井口压力接近或达到井控装置、套管、地层破裂压力三者中压力最低的极限值，应放喷泄压，放喷天然气须烧掉，防止与空气混合发生爆炸。

（五）采取监测措施

施工过程中应加强硫化氢监测，同时加强用多功能气体监测仪和综合录井仪对硫化氢及时监测，特别注意在硫化氢可能沿着断裂上窜到陆相地层中，现场应全井全程配备足够的硫化氢监测仪器、防护装置，作业过程中须全程监控。

（1）钻入油气层时，应依据现场情况加密对钻井液中硫化氢等有毒有害气体和可燃气体的测定。

（2）在新构造上钻区域探井时，应采取相应的硫化氢等有毒有害气体和可燃气体监测和预防措施。

（3）射开气层后，放喷、测试中，应对井口、地面流程、井场进行巡回监测硫化氢等有毒有害气体和可燃气体浓度。

（4）钻进时，监测人员要全程连续监测注入压力、流量和返出气体中的氮气浓度、甲烷浓度、硫化氢浓度、二氧化硫浓度、氧气浓度、一氧化碳浓度、二氧化碳浓度、N_2浓度的变化。发现返出气体的甲烷、硫化氢、二氧化硫、N_2浓度等参数异常变化时均要立即报警，通知司钻、值班干部、现场监督、气体钻井公司现场技术负责人和有关工程值班人员，以便及时采取有效措施，达到转换钻井方式条件就立即压井转换。同时密切监视检测各参数的变化。

（5）气测录井全程监测全烃、CO_2、CO、硫化氢、O_2、N_2等含量和出口温度。一旦发现异常，立即通知司钻、值班干部、气体钻负责人、井队工程师、业主监督，马上采取措施并做好记录。

（六）采取个人防护措施

配齐个人防护用具，使用者应接受正压式呼吸器正确使用方法的指导和培训，强化作业人员的职业健康意识，采取有效防护措施，确保人员健康。

（1）正压式空气呼吸器应放在作业人员能迅速取用的方便位置。

（2）当环境空气中硫化氢浓度超过$30mg/m^3$（20ppm）时，应佩戴正压式空气呼吸器，正压式空气呼吸器的有效供气时间应大于30min。

（3）对执行含硫油气井有关作业任务需使用正压式空气呼吸器的人员，应进行定期检查和演练，以使其生理和心理适应这些设备的使用。

（七）硫化氢现场应急处置

钻井施工应按照"一井一案"原则，制定防硫化氢泄漏专项预案，明确规定各操作岗位应急责权、点火条件和弃井点火决策等。应急预案应考虑硫化氢和二氧化硫等有毒有害气体和可燃气体浓度可能产生危害的严重程度和影响区域；还应考虑硫化氢和二氧化硫等有毒有害气体和可燃气体的扩散特性。在应急处置过程中服从钻井队的统一指挥。

（1）当硫化氢浓度达到 10mg/m³ 的阈限值或出现有毒有害气体和可燃气体时应：

① 立即安排专人观察风向、风速以便确定受侵害的危险区。

② 切断危险区的不防爆电气的电源。

③ 安排专人佩戴正压式空气呼吸器到危险区检查泄漏点。

④ 非作业人员撤入安全区。

（2）当硫化氢等有毒有害气体和可燃气体浓度达到的 30mg/m³ 安全临界浓度时应：

① 戴上正压式空气呼吸器。

② 向上级(第一责任人及授权人)报告。

③ 指派专人至少在主要下风口 100m、500m、1000m 处进行硫化氢等有毒有害气体和可燃气体监测。需要时监测可适当加密。

④ 实施井控程序，控制硫化氢泄漏源。

⑤ 撤离现场的非应急人员。

⑥ 清点现场人员。

⑦ 切断作业现场可能的着火源。

⑧ 通知救援机构。

（3）当井喷失控，井口主要下风口 100m 以远测得硫化氢浓度达到 30mg/m³（20ppm）或出现其他有毒有害气体和可燃气体时应：

① 由现场总负责人或其指定人员(井队长、平台经理或承包商在现场的最高负责人或其指定人员)向当地政府报告，协助当地政府做好井口 500m 范围内居民的疏散工作，并根据监测结果，扩大疏散范围，将可能出现危险的区域内的所有人员疏散走。

② 关停可能引起复杂、事故的生产设施，在确保安全的条件下做好控制和处置。

③ 设立警戒区，任何人未经许可不得入内。

④ 请求援助。

（4）当井喷失控，井场出现硫化氢浓度达到150mg/m³（100ppm）的危险临界浓度等任一现场人员安全无法保障的情况时，现场作业人员应按预案立即撤离井场，将可能出现危险的区域内的所有人员疏散走。现场总负责人应按应急预案的通信表通知(或安排通知)其他有关机构和相关人员(包括政府有关负责人)。由施工作业单位和生产经营单位按相关规定分别向其上级主管部门报告。

（5）按需要启动相应的油气井点火程序。

① 含硫化氢气井出现井喷征兆时，现场作业人员应立即进行点火准备。井场应配备自动点火装置，并备用手动点火器具。

② 含硫化氢天然气井发生井喷，符合下列条件之一，应在 15min 内实施点火：

• 气井发生井喷失控，且井口 500m 范围内存在未撤离的公众；

• 距离井口 500m 内居民点的硫化氢 3min 平均检测浓度达到 100ppm，且存在物防护措施的公众；

• 井场周边 1000m 范围内无有效的硫化氢监测手段。

③ 发生井喷后应采取措施控制井喷，若井口压力有可能超过允许关井压力，需放喷时，应在放喷口先点火后放喷。

④ 井喷失控后，在人员的生命受到巨大威胁、人员撤离无望、失控井无希望得到控制的情况下，作为最后手段应按抢险作业程序对油气井井口实施点火。

⑤ 井队长或项目经理作为甲方委托的以大包形式在现场组织生产的责任人，紧急情况下有权且负责组织点火。

⑥ 点火人员应佩戴防护器具，并在上风方向 30m 以外点火。

⑦ 点火后应对下风方向尤其是井场生活区、周围居民区、医院、学校等人员聚集场所的二氧化硫的浓度进行监测。

⑧ 若井场周边 1.5km 范围内无常住居民，可适当延长点火时间。

（6）按需要启动相应紧急撤离程序。

① 当井喷失控，或有硫化氢和二氧化硫释放时，且在井场以外的硫化氢或二氧化硫的大气浓度暴露值可能超过有害暴露值，并可能影响公众时，启动应急撤离计划。

② 含硫化氢油气井钻至油气层前 100m，应将可能钻遇硫化氢层位的时间、危害、安全事项、撤离程序等告知 500m 范围内的人员和当地政府主管部门及村组负责人。

③ 在钻开含硫化氢油气层以及进行井控风险大的作业前，应提前疏散危险区域内（至少放喷口 100m 以内，如不能满足安全的需要还应扩大）的所有居民，同时通知可能受到影响（至少 100~500m 范围内，如不能满足安全的需要还应扩大）的居民进行疏散预警，随时准备疏散撤离。危险可能较大时，危险范围内的居民均应疏散（不受 100m、500m 的限制）。情况变化可能出现危险的区域内（可能大于 500m，现场根据实际情况调整）的人员应在危险到来前

疏散至安全区域。

（7）在采取控制和消除措施后，继续监测危险区大气中的硫化氢及二氧化硫等有毒有害气体和可燃气体的浓度，以确定在什么时候方能重新安全进入。

四、钻井硫化氢事故案例

2003 年 12 月 23 日发生在重庆开县的井喷硫化氢泄漏事故是中国历史上最为惨痛的特别重大安全事故，造成了重大人员伤亡和经济损失。当天晚上9 时 55 分左右，重庆开县罗家 16H 井在起钻过程中天然气井喷失控，引起了一场特大井喷事故，喷出的天然气中含有大量的高于正常值 6000 倍的硫化氢，富含硫化氢的天然气猛烈喷射 30 多米高，硫化氢气体的迅速扩散致使243 人中毒死亡，4000 多人受伤，60000 多人被转移，93000 多人受灾，直接经济损失高达 6432.31 万元。

（一）事故经过

罗家 16H 井位于重庆开县高桥镇北约 1.2km 的晓阳村，是西南油气田川东北气矿罗家寨气田的一口开发井。设计井深 4322m，目的层是三叠系飞仙关段，预测日产气量 $100 \times 10^4 m^3/d$，天然气中甲烷、硫化氢、二氧化碳各组分体积百分比分别为 82.14%、9.02%、6.7%，属于高含硫化氢、中含二氧化碳气井。12 月 23 日事故发生时已钻至 4049.68m，正是高含硫化氢的飞仙关组。

23 日 2 时 52 分，罗家 16H 井钻至 4049.68m 更换钻具，经 35min 的泥浆循环开始起钻。12 时，起钻到 1948.84m 时，因顶驱滑轨偏移，挂卡困难，停止钻进，强行起至安全井段，灌满泥浆后，检修顶驱，16 时 20 分检修完毕，继续起钻。21 时 51 分，录井员发现录井仪显示的泥浆密度、出口温度、电导、烃类组分都显示异常，泥浆总体积上涨，溢流 1.1m³，随即向司钻报告。司钻收到后，停止起钻，抢接顶驱关闭旋塞未成功，发生强烈井喷，大量泥浆迅猛喷出将转盘内的两块大方瓦冲飞。21 时 59 分，关万能和半封防喷器，钻杆内液气喷至二层平台，顶驱下部着火。22 时 01 分，井内压力将钻杆撞击上撞顶驱，碰撞出的火花引燃钻杆内喷出的天然气。22 时 02 分关闭全封防喷器，未剪短钻杆，只是将钻杆挤扁，虽然从挤扁的钻杆内喷出的泥浆熄灭了顶驱上的火，但井口失控。现场人员试图上提顶驱拉断钻杆，失败，开通反循环压井，未关闭与井筒环空相连的放喷管线阀门，重泥浆从放喷管线喷出。22 时 04 分，井喷失控，井场弥漫硫化氢味，队上人员一边设法做补救措施，一边向甲方和钻井公司汇报，22 时 30 分现场无法处置，队上人员经请示后撤离，通知井场周边居民疏散，22时40分，向高桥镇汇报，请求政府帮助疏散周围群众。24日11时30分成立抢险领导小组，布置点火，没能成功，14时左右井口停喷，利用两条放喷管线放喷，15时55分第二次点火成功，险情得到控制，含硫化氢天然气持续喷出18h左右。

（二）事故原因

1. 直接原因

（1）起钻前，泥浆循环不充分，时间不够，未将井下岩屑、气体全部排出，气体在上升过程中体积不断膨胀，升至井筒上部时顶出钻井液，造成井下液柱压力下降。

（2）起钻中，未按规定灌泥浆，造成井筒内液面下降，长时间修顶驱后，未下钻循环充分后排出气侵泥浆，进一步造成井筒内的液面下降，地层流体和井筒内压力失衡，易形成溢流，诱发井涌，甚至井喷。

（3）未及时发现溢流征兆。

（4）在钻柱中未安装回压阀，致使起钻发生井喷时钻杆内无法控制，使井喷演变为井喷失控。

（5）防喷器组中未安装剪切闸板防喷器。剪切闸板可剪断井内的钻具，实现井孔全封闭。

（6）井喷失控，高含硫的天然气喷出，未及时点火，导致扩散蔓延，人员伤亡扩大，环境危害加剧。

2. 间接原因

（1）管理不严，违章指挥。

现场技术负责人为了更换损坏的测斜仪，向技术员提出了卸回压阀的钻具组合方案，技术员没有异议地采纳了该方案，将回压阀卸下，队长知道后，未制止违规行为，放任违章操作。

副司钻带领工人起下钻时，起六柱钻杆灌钻井液1次，井内液压下降，未按照针对该井高含硫化氢天然气井制定的每3注灌1次泥浆的规定实施。

录井记录仪上显示有9注钻具未灌泥浆，录井工监测时没及时发现，更没有立即警告纠正。

（2）安全责任制不落实，监督检查不到位。没有建立有效的安全管理机制，未配备管理人员和监督人员，对各规章制度情况监督检查不力。

（3）应急预案不完善，演习不符合规定。没有按照要求制定有效的应急预案，未对井场周边群众宣传安全知识，未按规定进行演习。

（4）设计不合理，审查把关不严。设计书上未标明井场周围2km以内的居民住宅、学校、厂矿等，审查把关不严，未指出改正。

第二节　井下作业硫化氢防护

大多数情况下，井下作业前一般对井内含硫化氢情况都有所基本了解，但井下作业施工工艺复杂，作业环节多，设备设施多样，特别是酸化压裂、试油试气等特殊井下作业时，常常会产生硫化氢或泄漏的风险，对井下作业设计、设备设施配备、作业工艺控制、人员防护、应急处置等提出了较高要求。因此承担硫化氢环境中油气井作业的施工队伍应具有相应的施工能力和经验。

一、井下作业设计

硫化氢环境井下作业设计包含地质设计、工程设计、施工设计三部分。主要设计人员应具有三年以上现场工作经验和相应专业高级技术职称，审核人员应具有相应专业高级或教授技术职称。设计单位应具有相应资质（能力），设计内容中应包括硫化氢复杂情况工艺的处理措施。

（一）地质设计

井下作业地质设计应至少包括以下内容：

（1）施工井的地质、钻井及完井基本数据，包括井身结构、钻开油气层的钻井液性能、漏失、井涌、硫化氢浓度等钻井显示、取心以及完井液性能、固井质量、水泥返高、套管头、套管规格、井身质量、测井、录井、中途测试等资料。

（2）如果施工井为探井，应提供区域探井硫化氢预测含量；如果是老井作业，应提供前期该井硫化氢检测浓度和当时施工工艺以及邻井的硫化氢检测浓度。

（3）区域地质资料、邻井的试油（气）作业资料，以及本井已取得的温度、压力、产量及流体特性等资料，并应明确硫化氢的含量、分压和地层压力、地层压力系数或预测地层压力系数。

（4）井下作业场所地下管线及电缆分布等情况。

（5）为便于应急疏散，在编制地质设计前应进行井场周边调查，绘制井场周围500m以内的居民住宅、学校、厂矿等分布资料图；对地层气体介质硫化氢含量大于等于$30g/m^3$（20000ppm）的油气井应提供1000m以内的资料。

（6）应根据地质资料进行风险评估并编制安全提示。

(二) 工程设计

应根据地质设计编制工程设计，并按程序进行审批。工程设计应当根据地质设计提供的地层压力，预测井口最高关井压力，对设备设施的选择、修井液参数、压井液参数、放喷求产方式、封层设计、硫化氢及复杂情况处理等进行明确规定。

(1) 工程设计中对于设施设备的选择和配备至少应具有以下内容：

① 对采油采气树、防喷器、闸门、放喷流程、油管、节流管汇等设施设备选材应符合 SY/T 6610—2017《硫化氢环境井下作业场所作业安全规范》中6.1要求。设计应当根据作业井预测硫化氢含量，明确使用的主要设备器材的防硫级别。

② 施工所需要的井控装置压力等级和组合形式示意图，提出采油(气)井口装置以及地面流程的配置及试压要求等。

③ 采油(气)树、井控装置(除自封防喷器外)、变径法兰、高压防喷管的压力等级与油气层最高地层压力相匹配，按压力等级试压合格。

④ 储层改造作业，选择井控装置压力等级和制定压井方案时，应充分考虑大量作业液体进入地层而导致地层压力异常升高的因素。

⑤ 地层气体介质硫化氢含量大于和等于 $30g/m^3$（20000ppm）油气井应采用配有液压(或气动)控制的采油(气)树及地面控制管汇。

⑥ 对含硫化氢气井井口装置应进行等压气密检验。

(2) 修井液应符合以下要求：

① 修井液安全附加密度在规定的范围内（油井 $0.05 \sim 0.10g/cm^3$，气井 $0.07 \sim 0.15g/cm^3$）；或附加井底压力在规定的范围内（油井 $1.5 \sim 3.5MPa$，气井 $3 \sim 5MPa$），在保证不压漏的情况下，地层气体介质硫化氢含量大于和等于 $30g/m^3$（20000ppm）的油气井取上限；井深小于等于4000m的井应附加压力；井深大于4000m的井应附加密度。

② 应具有的类型、性能、参数。

③ 应满足不低于井筒容积的两倍要求。

④ pH值应等于或大于9.5。

(3) 压井液应符合以下要求：

① 应具有的类型、性能、密度、数量。

② 备用压井液和加重材料应共同满足不低于井筒容积的1.2倍要求。

③ pH值应等于或大于9.5。

④ 按现场压井液量的2%~10%储备除硫剂，含硫化氢探井应取上限值。

(4) 其他应在设计中明确的内容：

① 针对含硫化氢井的射孔掏空深度提出要求；

② 含硫化氢井应使用油管输送射孔；

③ 应有针对含硫化氢井相应的求产方式、措施；

④ 应制定针对硫化氢层位的封层设计；

⑤ 应制定针对可能存在异常情况的处置方法。

（三）施工设计

应根据工程设计编制施工设计，并根据地质设计中的安全提示及工程设计中采用的工艺技术制定相应的安全措施。在预测含有、已知含有硫化氢的施工井，分施工工序详细制定防硫化氢防护措施。应具有以下内容：

（1）绘制地面流程管线、主要设备设施的安装位置示意图。

（2）现场使用的采油(气)树、防喷器、节流管汇、压井管汇、作业油管钻杆、入井工具、内防喷工具的防硫材料级别和压力级别。

（3）试油(气)放喷排液过程中，硫化氢检测范围和应急疏散范围、特殊情况处理。

（4）现场修井液、压井液、加重材料、除硫剂的有效储备数量、规格、性能。

二、设备设施与井场布置

（一）设备设施配备

（1）按照工程设计、施工设计要求，配备相应防硫级别、压力级别的油管、井下工具、井口装置、井控设施、放喷流程，并进行第三方检验和安装后现场试压。含硫化氢气井施工应对采气树、防喷器等在送井前进行气密封性试验。

（2）放喷管线应使用钢质管线，中间每10~15m和转弯处用地锚或水泥基墩等固定。放喷口应具备两种及以上点火方式，至少能够点长明火。

（3）在硫化氢环境的井下作业设施至少在规定位置安装固定式硫化氢探头，同时设置防爆排风扇，能够快速驱散聚集的硫化氢气体。

（4）接触硫化氢气体的设备设施在使用后，及时用清水冲洗，有条件使用气源吹干。

（5）在含硫化氢环境使用的井控装置应每口井送检一次。

（6）锅炉、分离器、热交换器等压力容器的使用符合《特种设备安全监察条例》的规定，并建立特种设备安全技术档案。

（7）耐蚀合金和其他合金材料的设施，进行焊接前应按照 GB/T 20972.3—2008《石油天然气工业 油气开采中用于含硫化氢环境的材料 第3部分：抗开裂耐蚀合金和其他合金》的要求进行焊接工艺评定，达不到工艺要求，不允许进行焊接。

（二）井场布置

预测含有、已知含有硫化氢的油气井井场布置应满足以下规定：

（1）井场施工用的锅炉房、发电房、值班房与井口、油池和储油罐的距离宜大于30m，锅炉房处于盛行风向的上风侧。分离器距井口应大于30m；分离器距油水计量罐应不小于15m。排液用储液罐应放置距井口25m以外。职工生活区距离井口应不小于100m，应位于季节最大频率风向的上风侧。图3-2给出了一个典型井下作业现场布置示意图。

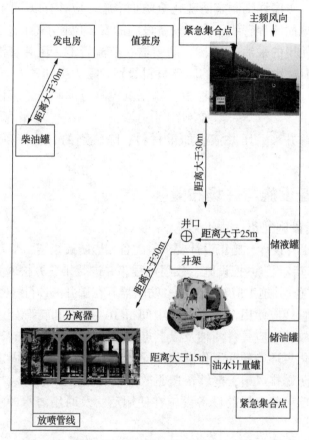

图 3-2 作业井场主要设备设施的安装位置示意图

（2）含硫化氢天然气井公众安全防护距离符合 AQ 2018—2007 的要求。

（3）放喷管线出口应接至距井口 30m 以外安全地带，地层气体介质硫化氢含量大于和等于30g/m³（20000ppm）的油气井，出口应接至距井口75m以外的安全地带。

（4）井场受限应制定防范措施。井下作业队经常在老井场进行施工，井场内抽油机、电源控制柜、计量站、建筑物、民房等杂乱分布，设备设施的摆放达不到安全标准要求，如果进行整改后，仍达不到安全距离，需要进行风险评估。确定风险可控后，对可能发生的硫化氢泄漏的后果进行预判，制定相应防范管控措施，强化应急处置能力，降低风险等级。

（5）在硫化氢环境的井场入口处应设置白天和夜晚都能看清的硫化氢警告标志，警告标志按硫化氢浓度分为绿色、黄色、红色、蓝色四种颜色。

（6）井场应设置白天和夜晚都能在井场任何位置明显看清风向的风向标，井下作业井场应至少在井口附近、循环池、储液罐、放喷口、井场入口等区域设置风向标，并且风向标能够随风向转动。

（7）井场应设置至少两条通往安全区的逃生出口（紧急集合点），井场设有逃生指示标识，主逃生口处于盛行风向的上风侧。

三、作业过程硫化氢防护措施

按井下作业、射孔作业、钻塞作业、洗井、压井作业、放喷与测试作业、酸化压裂、测井作业、诱喷作业、连续油管作业等主要井下作业活动，分别了解硫化氢环境中井下作业的防护措施。

（一）起下钻作业

1. 起下钻硫化氢风险

起下钻时，管柱和工具带出的井内液体会含有硫化氢，对井口操作人员造成伤害；下钻时的返出液中会含有硫化氢，随着挥发，对井口操作人员和坐岗观察人员造成伤害；特别是一些老井作业，停产时间长，地下情况复杂，原先不含硫化氢，容易产生麻痹大意思想，尤其要注意防范硫化氢气体。

2. 防护措施

在预测含有、已知含有硫化氢井起第一趟管柱时，对起出的工具加强硫化氢浓度检测，打开井口附近的排风扇吹散工具带出的硫化氢；下第一趟管柱时，对下钻返出液做好硫化氢浓度检测，并做好记录。

在射开含硫化氢油气层后，起钻前应先进行短程起下钻。短程起下钻后的循环观察时间不得少于一周半，进出口压井液密度差不超过 $0.02g/cm^3$；短程起下钻应测油气上窜速度，满足安全起下钻作业要求。

射开含硫化氢油气层后，每次起钻前洗井循环的时间不得少于一周半。

井下工具在含硫化氢油气层中和油气层顶部以上 300m 长的井段内起钻速度应控制在 0.5m/s 以内。

起钻中每起出 5~10 根油管或钻杆补注一次压井液，下钻中每下 5~10 根油管或钻杆(或 15min)应及时计量返液量，同时监测进出口硫化氢浓度，并作好记录，做到 $1m^3$ 报警，$2m^3$ 关井，发现异常情况及时汇报。

（二）射孔作业

1. 射孔作业硫化氢风险

含硫化氢的作业井，在起射孔电缆和射孔枪时，带出井内的液体会含有硫化氢，对井口操作人员和电缆滚筒操作人员会造成伤害；射孔后自喷的井，对坐岗观察人员会造成硫化氢伤害；除了人员伤害，还会对未进行防硫处理的电缆造成腐蚀，甚至造成电缆报废。

2. 防护措施

在预测含有、已知含有硫化氢井进行射孔作业时，应制定出射孔作业方案，待批准后方可进行射孔作业。方案应包括但不限于下述项目：

（1）参加射孔作业人员的防硫化氢培训持证情况。

（2）防硫化氢设备的配置情况。

（3）与作业现场协作单位接口的现场处置方案编制及演练情况。

（4）风险识别与评价，包括射孔作业打开高压地层时引发井喷的可能性、井口硫化氢浓度以及井场地貌、风力、风向等。

作业前的准备工作：

（1）召开相关方会议，向相关方人员进行射孔技术交底，与相关方人员就硫化氢风险情况(包括曾经发生过硫化氢泄漏的区域)、井控设备、防硫设施、风向标、井场的紧急集合点、逃生路线等方面进行信息沟通，确认与相关方的应急协作方式和途径。

（2）召开班前会议，通报硫化氢风险情况(包括曾经发生过硫化氢泄漏的区域)，落实风险控制措施和应急措施。

（3）隔离射孔枪装配作业区域，明确人员活动范围。

对地层气体介质硫化氢含量大于和等于 $30g/m^3$（20000ppm）的油气井射孔前应和当地政府签订协议，对周边居民进行预防性疏散。

射孔后，对井口出液或出气进行硫化氢浓度加密监测，并建立监测记录。

（三）钻塞作业

1. 钻塞作业硫化氢风险

封闭的水泥塞下含有硫化氢的井，在钻除灰塞后，循环洗井中，灰塞下的井液携带硫化氢通过洗井返到井口和循环池中，对坐岗观察人员、井口操作人员、泵车司机造成伤害。

2. 防护措施

钻塞施工所有压井液性能要与封闭地层前所用压井液性能一致。

在预测含有、已知含有硫化氢井进行钻塞作业时，应制定出钻塞作业方案，待批准后方可进行钻塞作业。方案应包括但不限于下述项目：

（1）参加钻塞作业人员的防硫化氢培训持证情况。

（2）防硫化氢设备的配置情况。

（3）与作业现场协作单位接口的现场处置方案编制及演练情况。

（4）风险识别与评价，包括钻塞作业时由于异常高压，引发井喷的可能性、井口硫化氢浓度以及井场地貌、风力、风向等。

作业前的准备工作：

（1）召开相关方会议，向相关方人员进行钻塞技术交底，与相关方人员就硫化氢风险情况（包括曾经发生过硫化氢泄漏的区域）、井控设备、防硫设施、风向标、井场的紧急集合点、逃生路线等方面进行信息沟通，确认与相关方的应急协作方式和途径。

（2）召开班前会议，通报硫化氢风险情况（包括曾经发生过硫化氢泄漏的区域），落实风险控制措施和应急措施。

（四）洗井、压井作业

1. 洗井、压井作业硫化氢风险

某些入井液含有酸性成分，如解卡时，对井内落鱼附近打入盐酸等，与井内管柱或地层的含硫物质反应会产生硫化氢；含硫化氢井，洗井时返出液会携带硫化氢，在井口和循环池附近聚集，对操作人员造成伤害。

2. 防护措施

在预测含有、已知含有硫化氢井进行第一次洗井时，对井底液体返出前加强硫化氢浓度检测工作，并做好记录。

施工前应进行入井液化学反应评估，特别是入井液中的材料，确定其入井后是否产生硫化氢等有毒有害物质；若产生有毒有害物质，而又无法替代入井材料，应做好有毒有害物质的防护。

在修井液循环过程中，一旦有硫化氢气体在地面逸出，返出液应通过分离器分离直到硫化氢浓度降至安全标准，必要时，可对井液加除硫剂处理以除去硫化氢。

裂缝发育、酸压、压裂层等预计可能漏失严重的井，井下管柱上应连接循环孔能与地层连通，应在井口有采油(气)树时打开循环孔，进行压井堵漏。

在循环加重压井中，应逐步提高压井液密度，防止压漏地层造成严重漏失。

压井结束时，压井液进出口性能应达到一致，油套压为零；压井后应进行静止观察或短起下观察，循环压井液侧气体上窜速度，控制气体上窜速度在安全范围内、不超过30m/h；高压、高产井的观察时间应大于预计作业时间，即安全起下钻时间。

当井下管柱刺漏、断裂，无法建立循环或循环深度较浅，不能满足压井深度需要情况下，在油管、套管安全强度内，采取置换法、挤入法、短循环置换法、正、反交替节流循环、控制泄压等方式压井，尽快建立井筒内液柱，做到井筒内液柱压力与地层压力平衡。

（五）放喷与测试作业

1. 放喷测试作业硫化氢风险

井内液体和气体通过地层压力自喷或诱喷、泵抽等，进入油管，经过井口、流程，到达地面计量设备或储液罐、放喷池，出口附近易造成硫化氢聚集，井口、流程刺漏后易造成硫化氢泄漏，对坐岗观察人员、计量人员造成伤害，硫化氢泄漏浓度高时会伤及井场人员、周边居民；同时对油管、井口、流程等造成硫化氢腐蚀。点火处理时，硫化氢燃烧，会产生二氧化硫和酸雨，造成二次伤害。

2. 防护措施

放喷、测试初期应安排在白天进行，试气期间井场除必要设备需供电外，其他设备应断电。若遇6级以上大风或能见度小于30m的雾天或暴雨天，导致点火困难时，在安全无保障情况下，暂停放喷。

含硫化氢井，出口不能完全燃烧掉硫化氢(如酸压后放喷初期、气水同出井水中溶解的硫化氢、二氧化硫)，应向放喷流程注入除硫剂、碱，中和硫化氢、二氧化硫，注入量根据硫化氢、二氧化硫含量确定。

酸压后，排放残酸前，应提前向放喷池内放入烧碱或石灰，或向放喷流程注入碱，中和残酸和硫化氢。

含硫化氢层放喷前应书面告知周围500m的居民，放喷期间的安全注意事项，遇突发情况的应急疏散、扩大疏散等事宜；重点做好硫化氢与一般残酸等刺激性气味区别的宣传、教育工作等。

含硫化氢气体的取样和运输都应采取适当防护措施。取样瓶宜选用抗硫化氢腐蚀材料，外包装上宜标识警示标签。

（六）酸化压裂

1. 酸化压裂作业硫化氢风险

酸化时盐酸与地层含硫矿物质或流体中的含硫物质反应产生硫化氢，原先不含硫化氢的井，在酸化后放喷时发现硫化氢，对放喷出口计量观察人员造成伤害，对井口、流程等造成腐蚀；压裂期间由于压裂液呈碱性，一般不会因压裂而产生硫化氢。

2. 防护措施

酸化中一般使用高浓度盐酸(偶尔使用土酸等)，在进行压裂设计时，选用标准岩心小柱进行岩酸反应速度实验，优化压裂酸液体系，主要成分有盐酸+缓蚀剂+稠化剂+铁离子稳定剂+助排剂+延迟助剂+交联剂（或胶凝剂）+延缓破胶剂等。盐酸和地层中的硫化铁等含硫矿物质反应，能够产生硫化氢，这样的地层非常少见。如果岩心中含有含硫物质，在做实验室模拟试验时可以发现，为压裂及放喷排液提供安全提示。多数情况是地层流体中含有含硫物质，在酸化压裂后的放喷中检测出硫化氢气体，而压裂前没有发现。在胜利油区的渤南区块出现过这种情况，这就要求在地质设计中进行调查提示，在放喷时加强检测，做好硫化氢个人防护和设备器材防护，提前制定硫化氢泄漏现场处置方案。

压裂液一般保持液体成碱性，主要成分有：速溶瓜胶+NaOH+助排剂+杀菌剂+防膨剂+交联剂+破胶剂等，一般不会因压裂而产生硫化氢。

（七）测井作业

1. 测井作业硫化氢风险

含硫化氢的作业井，在起钢丝和仪器时，带出井内的液体会含有硫化氢，对井口操作人员和滚筒操作人员会造成伤害；除了人员伤害，还会对未进行防硫处理的钢丝造成腐蚀，甚至造成钢丝报废。

2. 防护措施

测井车应位于井口上风方向，与井口距离应大于 25m。应安装防硫化氢材质的井口装置和防喷管。电缆或钢丝应适合含硫化氢作业环境，选择抗硫化物腐蚀的材料；电缆或钢丝入井前，应对绳索进行检查，使用缓蚀剂对其进行预处理。

（八）诱喷作业

1. 诱喷作业硫化氢风险

常见的诱喷方式有抽汲、氮气气举、负压射孔等。由于风险太大，含硫化氢井原则上不使用抽汲方式进行诱喷。

2. 防护措施

诱喷设备应位于井口的上风方向，诱喷设备井口选择防硫化氢材质的井口装置和防喷管，诱喷应用氮气、二氧化碳进行气举或混气水，禁用空气。

（九）连续油管作业

1. 连续油管作业作业硫化氢风险

含硫化氢的作业井，在起连续油管时，油管和工具带出井内的液体会含有硫化氢，对井口操作人员和滚筒操作人员会造成伤害；除了人员伤害，还会对未进行防硫处理的连续油管造成腐蚀，甚至造成连续油管报废。某含硫化氢井井内无管柱，连续油管作业队在带压下油管进行膜制氮气举，从下入到起出，在井内大约 7 天时间，连续油管腐蚀严重，导致报废。

2. 防护措施

根据主导风向和井场条件，连续油管装置应位于上风方向。连续油管应当进行防硫处理。

四、除垢作业人员中毒案例

（一）事故经过

某作业队对一口注水井进行更换管柱作业。在起下管柱过程中发生油管断裂，由于井内结垢严重，无法继续进行打捞作业，甲方决定先进行除垢作业，该队施工人员将储液罐内的污水用罐车倒走，用铁锹对罐底淤泥进行简单处理，并把 40 袋除垢剂搬运到储液罐罐顶平台上准备配液，4 名作业人员站在罐顶平台上向罐内倾倒除垢剂。当倒至第 24 袋时，站在罐顶平台的 4 名作业人员突然中毒晕倒跌入罐内，事故造成 3 人死亡，1 人受伤。

（二）事故原因

1. 直接原因

该井井下作业过程中返出的残泥所含硫化亚铁与除垢剂主要成分氨基磺酸发生化学反应，产生大量硫化氢气体致使人员中毒。

2. 间接原因

该井在进行配液前，没有进行工作安全分析，缺乏化学反应产生硫化氢的知识了解，没有识别到罐内残泥与除垢剂混合后发生化学反应产生硫化氢等有毒有害气体的风险，防范措施不到位。

罐顶工作面积小且未安装人员防坠落保护装置，致使人员昏迷后掉入罐内。

第三节　采油集输硫化氢防护

采油生产与集输过程的硫化氢来源复杂，有的是油藏含硫化氢，因生产而采出；有的是含硫或不含硫原油在生产过程中，由于各种采油技术工艺技术加持而产生硫化氢。因此硫化氢的安全防护与防腐始终贯穿原油开发的全过程。硫化氢环境原油的生产、集输与处理应遵循国家法律法规、标准的要求，通盘考虑，做好区域总体开发布局和设计，选用适合地域特点相关原油开采、地面工程集输、处理工艺技术，以及与之相配套的各种脱硫、防腐工艺技术等。

一、含硫油田井集输布局与设计

原油生产集输过程包括原油从井下采出，经过井口、管道集输、原油三项分离、脱水、计量、储存、外输、采出水回注等整个工艺过程，其设计是一项系统工程。应遵循科学、安全、适用、经济的原则，综合考虑地质因素、工艺因素、周围环境和人文等因素，在事先进行系统工艺风险分析的基础上，充分考虑气田区域与项目的安全评价、职业病危害评价、环境影响评价提出的 HSE 防范措施的基础上进行系统设计。确保对含硫化氢生产井、集输进行源头控制，提升本质安全水平。

含硫化氢油藏的采集设计应符合 SY/T 7358—2017《硫化氢环境原油采集与处理安全规范》。不含硫化氢油藏由于生产原因而产生硫化氢的局部工艺，其改造时的设计也可参照 SY/T 7358—2017 执行。地下油藏开采与井下管柱部分按钻井、井下完井设计以及相关涉硫化氢规范执行。地面采集工艺整体设计达到以下要求：

（1）原油采集与处理工程的防火设计应符合 GB 50183—2015《石油天然气工程设计防火规范》的规定，油气集输工程的设计应符合 GB 50350—2015《油田油气集输设计规范》的规定。

（2）用于硫化氢条件下使用的金属材料的选择和制造应满足 GB/T 20972《石油天然气工业 油气开采中用于含硫化氢环境的材料》和 SY/T 0599—2018《天然气地面设施抗硫化物应力开裂和应力腐蚀开裂金属材料技术规范》的要求，在设计和设备作业时应考虑其他形式的腐蚀和破坏(如坑蚀、氢诱发裂纹和氯化物引起的断裂)，并采用化学保护、材料选择和环境控制等方法加以控制。

（3）经认证和实验测试合格的材料，在提供材料的性能说明书和实验结果后，也可用于硫化氢环境中。

（4）硫化氢环境油水输送管道，宜采用非金属管材、非金属复合管材或耐蚀合金复合管材。储罐采用抗硫化氢等介质腐蚀性能的内涂层。

（5）含硫化氢井宜在井口和井口分离器后的采、集管道上加注缓蚀剂进行腐蚀控制。宜对释放的套管气进行脱硫处理。

（6）工作场所有可能导致劳动者发生急性职业中毒，应设立硫化氢气体检测报警点。硫化氢气体检测报警系统的选用和设置应符合 GB 50493—2019《石油化工可燃气体和有毒气体检测报警设计标准》和 GBZ/T 223—2009《工作场所有毒气体检测报警器装置设置规范》的规定，至少宜在以下场所安装硫化氢气体检测报警器：

① 原油中转站以上的油泵房、计量间、含油污水泵房、脱水器操作间、

反应器操作间。

②输送天然气的压缩机房、计量间、阀组间和收发球间。

③与硫化氢气体释放源场所相关联并有人员活动的沟道、排污口以及易聚集有毒气体的死角、坑道。

（7）硫化氢环境的焊接材料应进行焊接工艺评定，焊缝应经抗硫化氢应力开裂（SCC）和氢致开裂（HIC）实验评定合格。

（8）进行涉硫化氢风险区域的各类石油工程、地面工程设计时，应开展硫化氢泄漏风险分析（运用 HAZOP 分析等方法）和腐蚀评估，并提出泄漏预防和防腐要求。

（9）含硫化氢介质设备设计选材时，应考虑硫化氢腐蚀及硫含量波动性所带来的影响，对于硫化氢富集的设备、管线，选材应升高等级，按可能达到的最严苛的工艺操作条件进行设计，防止硫化氢腐蚀泄漏。硫化氢含量超过设计标准时，要对原设计设备选材进行校核或进行腐蚀评估。

（10）存在硫化氢风险的新、改、扩建工程项目设计时应按照标准及制度配备适量的设备腐蚀检测、检查工具、硫化氢报警仪、防护器材等，必要时提升涉硫化氢装置的安全仪表系统（SIS）等级。

（11）含硫化氢介质输送应尽量选用密封等级高的机泵，含硫化氢介质的采样应设计为密闭采样器。

二、含硫原油生产集输过程防护

（一）原油生产集输过程硫化氢辨识

在油气田开发作业中，H_2S 的分布区域及分布见表 3-5。

表 3-5　H_2S 在油气田开发生产作业中的分布

作业名称	分布区域	分 布
采油、油气集输油气储存	① 井口附近； ② 单井进站的高压区； ③ 油气取样区； ④ 排污放空区； ⑤ 油水罐区	H_2S 主要集中在油气以及放空尾气中
原油脱硫净化处理（如果有此工艺）	① 脱硫区； ② 再生区； ③ 硫回收区； ④ 排污放空区	H_2S 主要集中在脱硫及硫回收单元，另外溶剂及尾气中也存在浓度较高的 H_2S
油田水处理、回注	① 油气取样区； ② 排污放空区； ③ 油水罐区	H_2S 主要集中在油气以及放空尾气中

油气开发单位应建立健全含硫化氢油气井、油气集输管线、油气集输场站硫化氢危险辨识和检测数据查询系统，为石油工程各类设计、施工作业等提供准确、可靠的数据支撑。

原油生产集输单位应每年组织开展一次涉硫化氢危险源全面风险辨识及危害分析。根据风险辨识结果，绘制硫化氢区域分布图及含硫化氢介质信息单，内容应包括介质总量、硫化氢浓度、路由、介质流转时间等，做好沿线关键区域风险提示，组织制定防止硫化氢中毒的防控、消减措施。

对可能涉硫化氢风险区域工程项目投产前，应采取适用的风险分析方法对可能存在硫化氢风险的工艺、区域进行全面风险辨识，形成风险点清单并在正常运行后定期检测。

通过对硫化氢危险的辨识评价，判断生产区域是否存在硫化氢以及该区域内空气中硫化氢的最大可能浓度，确定区域分级，掌握硫化氢存在的区域和危险状况。根据生产区域的危险级别对工作人员进行相应的培训，使之具备相应的能力；根据生产区域的危险级别设置相应的警示标志、配备呼吸器材和报警器材、确定硫化氢所需的工作程序和工作许可等，确保硫化氢环境的作业安全。

（二）原油生产集输过程硫化氢防护

1. 通用防护措施

（1）硫化氢原油采集与处理过程中的基本安全要求执行 AQ 2012—2007《石油天然气安全规程》、SY/T 5225—2019《石油天然气钻井、开发、储运防火防爆安全生产技术规程》、SY/T 6320—2016《陆上油气田油气集输安全规程》的规定。含硫化氢区域应设立风向标，并确保风向标在区域内任何位置明显可视。

（2）对工作场所硫化氢分布及可能泄漏或逸出情况进行充分辨识和分析，应按照 GBZ/T 229.2—2010《工作场所职业病危害作业分级 第 2 部分：化学物》的要求，确定硫化氢重点防护区域及重点防护作业环节并采取相应的预防措施。

（3）建立硫化氢工作场所日常检测、监测制度，发现硫化氢浓度超标及时进行公众告知和作业人员告知，查找原因，进行整改，并做动态监测。

（4）做好检测报警系统的运行记录，包括检测报警运行是否正常，维修日期和内容等。

（5）定期对井口采油树、管汇、工艺管道、容器、储油舱、生产污水舱等进行腐蚀监测、检测和评估，并根据结果调整防护措施。严禁在任何情况下，对存在或可能存在硫化氢泄漏的部位进行抵近嗅探、观察。

（6）作业人员进入硫化氢浓度超过安全临界浓度或存在硫化氢浓度不详的区域进行检查、作业或救援前，应佩戴正压式空气呼吸器和便携式硫化氢监测仪，直到该区域已安全或作业人员返回到安全区域。

（7）硫化氢气体的一次最大排放限值及无组织排放源（没有排气筒或排气筒高度低于 15m）的厂界放度限值应符合 GB 14554—1993《恶臭污染物排放标准》的规定。硫化氢厂界标准为 0.03mg/m³。

（8）井（站）场内产生的污泥和含有毒有害物质，应统一规划、集中进行无害化处理。

（9）生产工艺技术、操作条件等发生改变等可能导致生产作业施工现场硫化氢浓度发生变化的，应开展风险评估，制定相应防护措施，及时修订操作规程，并做好相关岗位人员的告知、培训。

（10）硫化氢岗位的现场作业人员应进行上岗前、在岗期间及离岗前职业健康体检。

2. 采油过程防护措施

（1）采油井口装置应定期进行腐蚀状况、配件完整性及灵活性、密封性等专项检查和维修保养，并做好记录。

（2）定期测试单井产出液中硫化氢气体的含量，根据测试结果提出调整措施。

（3）井口释放套管气的管线应采用硬质金属管线连接并固定，宜对释放的套管气进行脱硫处理，应定期检测释放气体中硫化氢的含量。

（4）井口装置及其他设备应完好不漏，发现地面油气泄漏，视泄漏位置采取关闭油嘴管汇、紧急切断阀或采油树生产阀门等措施。

3. 原油储运过程防护措施

（1）原油集输、原油装卸基本安全要求按照 SY/T 5225 的规定执行。井口到分离器出口的设备、地面流程、管线压力等级应符合设计要求，并抗硫化氢、二氧化碳腐蚀。

（2）含硫化氢储油罐的原油应密闭拉运，装卸含硫化氢原油必须先检测后装卸。装卸人员应根据硫化氢含量采取相应的防护措施。宜每月至少 1 次检测储油罐中硫化氢气体的浓度，记录检测结果。

（3）含硫化氢气体应通过燃烧后放空，含高浓度硫化氢的气体（如酸性气体等）必须进行有效处理，达到 GB 16297—1996《大气污染物综合排放标准》的排放标准后方可排放。

（4）因原料组分、工艺流程、装置改造或操作条件发生变化可能导致硫化氢浓度超过允许含量时，应及时告知岗位员工并落实防护措施。

（5）取样或计量时，应测试罐内、呼吸区硫化氢气体的浓度。若超出人员和设备的保护级别，需通过过程控制、管理程序和个人呼吸装备来保证取样人员的安全。

（6）含硫污水应密闭送入污水处理装置，处理合格后方可与其他废水混合排放或处理，禁止排入生活污水系统。酸液、碱液等可能生成硫化氢废液不得混合直接向污水系统排放。

（7）油田钢质管道应投运阴极保护，中断运行和停止使用的管道，在未明确报废(拆除)前，阴极保护应保持持续投运。

（三）涉硫化氢作业防护措施

1. 取样

从已知或可能含硫化氢区域取样的人员在作业过程中应随时保持高度警惕。尽量采用隔离操作或戴防毒面具操作，分析人员严格按操作规程要求进行取样操作。含硫化氢气体的取样和运输都宜采取适当防护措施。取样瓶宜选用抗硫化氢腐蚀材料，外包装上宜标识警示标签。

（1）在进行含硫样品取样时必须注意：

① 所有取样点应设置硫化氢警告标志。

② 取样设备应彻底检查。

③ 采样人员应该佩戴自给式呼吸器。

④ 含硫化氢介质采样时，现场应不少于 2 人，1 人取样，1 人监护。采样人员和监护者应站在上风区域，监护者应始终能看清采样人员。

⑤ 在取样之前，停止在下风方向的工作。

⑥ 取样完成时，取样设备应标识硫化氢警示标签。

（2）未脱硫的液态烃采样须注意：

未经脱硫处理的液态烃中 H_2S 含量非常高，采样时应做到：

① 采用密闭采样器，采样前要检查采样器是否完好。

② 采样过程中，慢慢打开取样阀，不要开得过大。一些取样阀受 H_2S 的腐蚀，较难打开，不要用扳手敲打阀门，避免发生意外。

③ 采样点应设在较通风良好的地方，防止 H_2S 有害气体积聚。

（3）高含硫污水采样须注意：

高含硫污水主要含有 H_2S、氨、瓦斯等有毒有害气体，采样时应注意：

① 采样时，取样阀不能开得过大，以免污水溅出。

② 洗瓶的污水不能乱倒，以免污染环境。

2. 进入设备内检修作业

进入设备、容器进行检修，一般都经过吹扫、置换、加盲板、采样分析合格、办理进设备安全作业票才能进入作业。但有些设备在检修前需进入排除残存的油泥、余渣，清理过程中，会散发出 H_2S 和油气等有毒有害气体，必须采取下列安全措施：

(1) 制定施工方案。

(2) 作业人员须经过安全技术培训，学会人工急救、防护用具、照明及通信设备的使用方法。

(3) 佩戴适用的防毒面具，携带安全带(绳)等劳动防护用品。

(4) 进设备前，必须作好采样分析，根据测定结果确定施工中的安全措施。

(5) 进设备容器作业，时间不宜过长，一般最多不超过 30min。

(6) 办理安全作业票。

(7) 施工过程必须有专人监护，必要时应有医务人员在场。

3. 进入下水道(井)、地沟作业

下水道含有 H_2S、瓦斯等有毒有害气体。进入前应注意：

(1) 严禁各种物料的脱水排凝进入下水道。

(2) 严禁在下水道井口 10m 内动火。

(3) 采用强制通风或自然通风，保证氧含量大于 20%。安装临时水泵或堵住上源的水，降低水位。可能的话把作业地段的下水道用沙包两头堵住，安装防爆抽风机，使新鲜空气在管道内流通。

(4) 佩戴适用的防毒面具。

(5) 携带安全带(绳)。

(6) 办理安全作业票。

(7) 进入下水道内作业。井下要设专人监护，并与地面保持密切联系。

4. 油池的清污作业

油池清理过程中，由于搅拌，大量的有毒有害气体冲上来，严重威胁作业人员的生命安全。因此要采取下列措施：

(1) 下油池清理前，必须用泵把污油、污水抽干净，用高压水冲洗置换。

(2) 采样分析，根据测定结果确定施工方案和安全措施。

(3) 佩戴适用的防毒面具，有专人监护，必要时要携好安全带(绳)。

(4) 办理好安全作业票。

5. 堵漏、拆卸或安装作业要求

(1) 严格控制带压作业，应把与其设备容器相通的阀门关死、撤掉余压。

(2) 佩戴适用的防毒面具，有专人监护。

(3) 拆卸法兰螺栓时，在松动之前，不要把螺丝全部拆开，严防有毒气体大量冲出。

6. 进入事故现场

当中毒事故或泄漏事故发生时，需要人员到事故现场进行抢救处理，这时必须做到：

（1）发现事故应立即呼叫或报告，不能个人贸然去处理。

（2）佩戴适用的防毒面具，有两个以上的人监护。

（3）进入塔、容器、下水道等事故现场，还需携带安全带（绳）。有问题应按联络信号立即撤离现场。

7. 装置正常生产的检查

生产装置由于操作的失误，机泵管线设备的腐蚀穿孔或密封不严造成 H_2S 等泄漏，污染环境，严重会造成中毒伤亡事故。因此，务必遵守如下规定：

（1）严格工艺纪律，加强平稳操作，防止跑、冒、滴、漏。

（2）装置内安装固定式的 H_2S 报警仪。

（3）对有 H_2S 泄漏的地方要加强通风措施，防止 H_2S 积聚，同时加强机泵设备的维护管理，减少泄漏。

（4）对存有 H_2S 物料的容器、管线、阀门等设备，要定期检查更换。

（5）发现 H_2S 浓度高，要先报告，采取一定的防护措施，才能进入现场检查和处理。

8. 油罐的检查与清理作业

（1）油罐的检查

① 严禁在进、出油及调和过程中进行人工检尺、测温及拆装安全附件等作业。

② 必要的检查，脱水，操作人员应站在上风向，并有专人监护。

③ 准备好适合的防毒面具，以便急用。

（2）油罐的清理

在硫化氢危险区内清理油罐时要求至少三个人，两个人进行工作，第三人在远离油罐的安全位置监护。必须准备至少四套自给式呼吸器，进行清理工作的两个人每人一套，监护者一套，一套由监护者保存在安全区域备用。

① 由三个人对自给式呼吸器进行事先检查。

② 停止所有在下风向的工作并且撤离所有人员。

③ 监护者处于上风位置，确保能够监护进行工作的两个人。

④ 关闭油罐的进料阀。

⑤ 关闭油罐的出料阀。

⑥ 开启排污阀并且用来自单独接头的水冲刷或者用氮气置换或放空。

⑦ 停止冲洗，打开阀门，除去杂物并且将湿碎片转移到专用容器内。注意自燃硫化亚铁的影响。

⑧ 进行采样分析，合格后进行工作的两个人佩戴呼吸器进入油罐进行清理。

⑨ 除去用于本工作的所有设备并且按照废物管理程序处理垃圾。

9. 存在硫化亚铁场所作业注意事项

当设备通向大气时应特别小心。存在烃类物质的环境里氧与硫化亚铁反应，引起爆炸和火灾。

用氮气吹扫存在烃类的环境，可以除去烃类，消除爆炸危险，但系统中的硫化亚铁仍然可能发生自燃。

用水冲洗可以安全除去残渣，但从防腐观点来看，在一些酸性系统和低温系统中，水洗是不适用的。

除去硫化亚铁最好的方法是用含5%氧的氮气进行氮气吹洗，进行受控氧化。但井口周围环境硫化氢浓度超过安全临界浓度时，未参加应急作业人员应撤离至安全区内。

（四）含硫原油生产集输检维修防护

（1）进入硫化氢等毒害气体检维修工地人员，按要求强制性配置防硫化氢中毒设施、设备和应急救援工具等，执行相应的作业规范。

（2）进入密闭空间作业落实作业许可制度。凡进入坑、池、罐、釜、沟以及井下、管道等存在硫化氢气体的场所作业的，生产单位应制定作业方案，实施作业许可，采取防毒、通风措施，实时检测硫化氢含量。杜绝违章作业、违章指挥的现象，防止硫化氢中毒事故的发生。

（3）检维修期间对可能含硫化亚铁部位、设备设施、容器，在开启前，采用增湿等措施防止硫化亚铁自燃。并挂警示牌。

（4）对含硫化氢原油处理站、污水处理站、集输管道检维修时，应制定检维修方案，严格按盲板抽堵作业许可进行。

（5）对输送高含硫油品管线改造、维修动火前彻底吹扫，注意低点排凝，防止残油及剩余油气存在。设置吹扫、排放装置，定期排放盲法兰、接头等构成死端中积聚的元素硫。

（6）含硫化氢的管道、容器在维修后投用前应用氮气进行置换。

（7）定期对设备、管线采取防腐措施，降低硫化亚铁自燃可能性。对长期停用设备应做好防腐保护，防止硫化亚铁形成。

（8）检维修污水及其他固体危险废弃物有散发硫化氢的可能，作业中应采取防护措施。应妥善处置。

三、硫化氢检查与监测

（一）检查一般要求

（1）应进行各层级的定期和不定期安全检查，所有检查应保存记录。

（2）应对安全、防护设施进行经常性检查、维护、保养，定期检测并做记录。

（3）应根据工艺特点建立巡回检查制，确定巡回检查点、巡回检查内容和巡回检查周期。

（4）进入含硫化氢重点监测区作业的人员，应佩戴硫化氢检测仪和正压式空气呼吸器；至少两人同行，一人作业，一人监护。

（5）日常检查应包括但不限于下述检查项目：

① 已经或可能出现硫化氢的工作场地。

② 风向标、警示标志。

③ 硫化氢监测设备及警报（功能试验）。

④ 探头及报警装置的外观。

⑤ 人员呼吸防护用品。

⑥ 通风装置。

⑦ 急救药箱。

⑧ 脱硫装置。

（6）正压式空气呼吸器检查。

（7）便携式硫化氢检测仪检查。

（二）井场及计量站检查

（1）含有硫化氢的油井和计量站的安全警示标志设置明显。

（2）硫化氢气体检测系统运行正常，通风设备性能良好，人员防护装备、检测仪性能良好并在有效期。

（3）安全阀、压力表、液位计等安全附件齐全并在有效期。

（4）周围环境硫化氢含量正常，井口装置和计量站设备无泄漏。

（5）每月至少检测一次单井储油罐中硫化氢气体的浓度并记录检测结果。

（6）单井储油罐含硫化氢原油拉运检查主要包括：

① 装油前检测储油罐及车辆周围环境硫化氢含量，人员是否采取相应的呼吸防护。

② 驾驶员、押运员、装卸员及槽车证、照齐全、有效。

③ 装卸台、车辆有醒目的安全警示标志。

④ 车辆配备的两具灭火器和导静电橡胶拖地带符合安全要求。

⑤ 车体接地点无油污、无锈蚀，接触良好。静电接地活动导线与车辆的连接紧固。

⑥ 车辆防火罩完好，安装紧固并关闭。

（三）集输管道检查

（1）集输管道无超温、超压运行，无憋压、冻凝现象。

（2）停运的管道和阀门，有防止憋压、冻凝措施。

（3）各类安全保护设施完好，泄压装置在检验期。

（4）脱硫装置运行正常，定期检测脱硫装置进口及出口气体组分。

（5）阴极保护运行正常，阴极保护的主要控制指标符合 GB/T 21448—2017《埋地钢质管道阴极保护技术规范》的有关规定。

（6）专人定期对管道及其附属设施进行徒步巡查，巡查内容执行 SY/T 5536—2016《原油管道运行规范》的规定。

（四）原油、污水处理检查

（1）含硫原油、污水处理装置作业区域及硫化氢易泄漏区域，安全警示标志设置明显。

（2）新投产原油处理站，原油进装置时，人员应佩戴正压式空气呼吸器和检测仪，做好来油硫化氢含量监测。

（3）定期检测硫化氢危险点源，硫化氢超过安全临界浓度及浓度出现异常波动时，应将危险源信息及时公告。

（4）硫化氢气体检测系统运行正常，通风设备性能良好，人员防护装备、检测仪性能良好并在有效期。

（5）应经常检查阀门、法兰、连接件、测量仪表和其他部件，及时发现需要检测、修理和维护的部件。

（6）应定期进行自动控制系统检查，调校和检验。

（7）应定期对火炬点火装置进行检查和维护。

（8）应定期对原油、污水处理装置的腐蚀进行监测和控制。

（9）电脱水器投产前应按规定做强度试验、气密试验及联锁自动断电试验。电脱水器高压部分应每年检修一次，及时更换极板。

（五）硫化氢监测

（1）定期对可能存在硫化氢的工作场所进行硫化氢检测，并将结果向员工公布、存档。硫化氢检测与必要的防护设备配备应符合以下要求：

① 涉硫化氢三级单位应急库房应至少备有 10 套正压式空气呼吸器、10 只备用气瓶、1 台充气泵、5 台便携式硫化氢检测仪。

② 来液伴生气中硫化氢浓度小于 10mg/m³ 的，采油班站、接转站和井下作业现场应至少配备 2 台便携式硫化氢检测仪；联合站计量岗、原油稳定岗、抽气岗、外输岗等涉硫化氢岗应至少配备 1 台便携式硫化氢检测仪。

③ 来液伴生气中硫化氢浓度在 10～50mg/m³ 之间的，注采管理站、接转站、联合站及井下作业队当班人员应保证涉硫化氢各岗位每人配备 1 具自吸过滤式防毒面具及护目镜。采油班站和接转站应至少配备 2 台便携式硫化氢检测仪；联合站计量岗、原油稳定岗、抽气岗、外输岗等涉硫化氢岗应至少配备 1 台便携式硫化氢检测仪。井下作业现场至少配备 2 台便携式硫化氢检测仪。

④ 来液伴生气中硫化氢浓度大于 50mg/m³ 的，注采管理站、接转站应至少配备 4 套正压式空气呼吸器、4 只备用气瓶。联合站以及地处偏远（难以快速从周边单位调用正压式空气呼吸器）的注采管理站、接转站，应至少配备 6 套正压式空气呼吸器、6 只备用气瓶。采油班组和接转站应至少配备 2 台便携式硫化氢检测仪；联合站计量岗、原油稳定岗、抽气岗、外输岗等涉硫化氢岗应至少配备 1 台便携式硫化氢检测仪。

⑤ 当设备设施介质中硫化氢浓度大于 10mg/m³ 时，进行施工作业，作业现场应配备 2 台便携式硫化氢检测仪、2 套正压式空气呼吸器作为应急救援器材，并在上风向使用机械通风装置。在含硫化氢的受限空间进行施工作业时，应在现场配备强制通风装置进行持续通风。

⑥ 含硫化氢区块计量间来液伴生气中硫化氢浓度大于 10mg/m³ 时，底部应安装通风设施和固定式硫化氢监测仪。

（2）对未发现硫化氢的油气井每季度使用便携式硫化氢检测仪器进行至少 1 次定性检测，已知含硫化氢井每 1 个月进行至少 1 次定量检测。

（3）蒸汽吞吐井开井生产一周内应使用便携式硫化氢检测仪器进行定性检测，若未检测出硫化氢按正常检测要求进行季度定性检测。若检测出硫化氢，应进行定量检测。

（4）对含硫化氢计量站的外输混输管线每 2 个月进行至少 1 次伴生气硫化氢浓度定量检测。

（5）已知存在硫化氢的站库，每周进行至少 1 次定量检测（有脱硫装置的，还应检测出口浓度）。

（6）监测注意事项：

① 油井硫化氢浓度检测应从生产流程取样，禁止取用套管气。

② 需长期连续监测硫化氢浓度时，应采用固定式硫化氢监测仪。监测仪探头置于现场硫化氢易泄漏区域，主机应安装在有人值守的岗位。监测仪应具备声光报警功能且报警信号应发送至有人值守的控制室或现场操作室的指

示报警设备。硫化氢监测报警仪发生报警时，应对其报警原因进行分析、确认并做好记录，不得随意消除报警。

③ 当环境中硫化氢浓度大于 $30mg/m^3$ 或在发生介质泄漏、浓度不清的环境中，必须采用正压式空气呼吸器。

四、污水处理厂硫化氢中毒事故

（一）事故经过

某污水处理场厂长带领几名技术人员来到下属某污水泵站测量泵站机械设备的技术参数，并了解设备运转情况。当日上午9时左右，当厂长和其他5位同志关闭水泵，进入室内污水池，进行室内污水池排水二阀的测量时，突然大量硫化氢气体伴随污水涌入室内污水池中，似闪电一击，众人悉数倒下，泵站其他人员见状，急忙呼救。邻近一工程队闻声赶来，立即组织十多人的抢救队和泵站的同志一起投入抢救，从室内污水池救出4人，其中3人在送往医院途中死亡。经在场人员核实，发现仍有两人下落不明，当即又组织人员佩戴防毒用品下池搜索，在污水中发现了一具尸体，随后消防人员赶到，下池后又捞起一具尸体。至此有5人死亡，其中包括厂长。在抢救过程中，又有4人先后中毒，送往医院抢救。

在整个事件中，有10人中毒，其中5人死亡。现场检测显示，在事故发生3.5h后，硫化氢浓度仍高达 $600mg/m^3$，超过国家职业接触标准近60倍。

（二）事故原因

该泵站排水阀门已关闭数周，室外污水池内积聚的污水达 5~6m 深，污水腐败产生大量的硫化氢，而厂长等人在室内污水池测量时，由于进水阀门未关紧，导致硫化氢伴随污水冲入现场。

（三）事故教训及防范

（1）该事故中，污水处理场厂长及技术人员在进入污水泵站前都没有意识到污水泵房内可能存在硫化氢危害，没有采取任何防范措施，由于高含硫化氢污水的突然大量涌入而致电击样死亡。

（2）应急救援应严禁无防护救援，事故援救人员应佩戴正压式空气呼吸器。该事故参与救援的人员有的未佩戴个人防护用品施救，导致中毒人员增多，扩大了事故。

（3）应加强对污水处理场等作业场所硫化氢危害的认识，对污水处理场的各类作业场所进行硫化氢危害辨识，在可能存在硫化氢危害的场所作业时加强防护。

第四节 采气集输处理硫化氢防护

高含硫气藏的开发不同于一般气藏，具有复杂性和特殊性。硫化氢安全防护与防腐始终贯穿气田开发的全过程。硫化氢环境天然气生产、集输与处理应遵循国家法律法规、标准的要求，通盘考虑，做好区域总体开发布局和设计，选用适合地域特点相关含硫天然气开采、地面工程集输、处理工艺技术，以及与之相配套的各种脱硫、防腐工艺技术等。

一、含硫气田采气集输布局与设计

含硫天然气生产过程包括了天然气井口采气，经过输气管道、阀室、集气站场输气，以及天然气处理厂处理等工艺过程。其设计是一项系统工程，应遵循科学、安全、适用、经济的原则，综合考虑地质因素、工艺因素、周围环境和人文等因素，在事先进行系统工艺风险分析的基础上，充分考虑气田区域与项目的安全评价、职业病危害评价、环境影响评价提出的 HSE 防范措施的基础上进行系统设计。

(一) 整体工艺设计

(1) 根据气田井位分布、产量、环境、工艺及腐蚀状况，通常采用树枝状、放射状和环状三种管网分布结构，对于狭长形地形环境的气田，一般采用树枝状管网结构。

(2) 集气方式主要有单井集气和集气站多井集气。一般采用单井集气与树枝状管网结构相配合，采用节流降压、加热和汽液分离工艺。若采用分离器，分离器则应接近井口安装。单井集气流程简单、设备少。如井距较近、密度大，可采用集气站集输流程。

(3) 输气方式有两种：湿气输送和干气输送。一般短距离集气管线采用加热法湿气输送；长距离管线采用集气站脱水后干气输送。为防止集输管道中的水合物形成，一般采用以下三种方法：

① 加热法：通过加热(一般采用水套炉加热和热水管道伴随加热)使天然气输送过程中的气体温度保持在水合物形成温度之上，减少集气管下部的积水，防止水合物阻塞管线，并减小对管道的腐蚀。

② 化学法：采用化学添加剂防止水合物形成(一般用乙二醇、甲醇注入集输管道中)。

③ 脱水法：在含硫化氢的三类腐蚀中，水是造成腐蚀的重要原因。因此，若能脱去天然气中的水分，防止水合物形成，则理论上可以不考虑腐蚀，这是国际上含硫化氢天然气新的输送方式。

（二）采气井口及其装置设计

（1）采气工艺方法应依据气藏地质、工程及地面条件，针对可能含硫化氢和二氧化碳的状况，确定抗硫或（和）防腐材质的生产管柱，采取合理采气与分离工艺方法，以提高气井的产能和稳定期。

（2）含硫气井油管一般选用具有防腐功能的复合式油管、玻璃钢油管、双层油管，并具备相应的抗拉、抗内压、抗外挤强度。

（3）井口装置要选择高抗硫化氢和二氧化碳的合金钢材质，再根据气井的压力及流体性质，确定适宜的产品规格、等级。采气树应满足技术参数要求且具备远程控制井口闸门开关的性能。由于硫化氢气体会促使橡胶、石墨、石棉的老化，所选阀板、阀座与阀体间均采用金属对金属密封。

（4）采气井口应配置地面可自动关闭安全阀控制系统，在井口安装压力传感器、气体监测报警系统和易熔塞。当井口压力高于或低于设计安全工作压力时，以及气体泄漏或火灾发生时，能迅速发出报警信号，并能快速自动关井功能。系统也可实现就地手动控制，且具备远程控制井口开关的功能。

（5）含硫化氢、二氧化碳的采气井各层套管应安装压力检测装置。硫化氢平均含量大于或等于 5%（体积）的天然气井套管环空含硫化氢时宜安装压力远传仪表实时监控。其井口方井池内宜设置固定式硫化氢检测仪器。

（三）集输站、场（厂）、管线设计

（1）集气站、处理厂选址应位于地势较高处，避开人口密集区。生产设施安放地点的选择应考虑主导风向、气候条件、地形、运输路线及可能的人口稠密地区和公共地区，并确保进口和出口路线无障碍物遮挡，使受限空间区域最小。

（2）新建采气、集气管道路由选择应避开人口稠密的地区、风景名胜区及不良地质地段等敏感区域。阀室的设置应根据管道中潜在硫化氢释放量来确定相邻两个截断阀间的距离。

（3）当场站、处理厂、海上天然气生产设施和管道输送介质中硫化氢气体分压大于或等于 0.0003MPa 时，材料应考虑抗硫化物应力开裂和氢致开裂等硫化氢导致的开裂。未在硫化氢平均含量大于或等于 5‰（体积分数）的气田成功应用过的材料，应进行实验室模拟工况的测试。

（4）场站、海上天然气生产设施的井口区和工艺区，净化厂的工艺区，以及在人员进出频繁的位置，或长时间设置密闭装置的位置应设置固定式硫化氢监测系统，该系统应带有报警功能。

（5）气田水输送管道宜采用非金属管。但是，当气田水温度大于70℃时；有大、中型穿、跨越等特殊地段或特殊要求时；遇到地形复杂，易滑坡地段；以及人口密集且管道遭受第三方破坏频繁的地段等情况下，经现场试验确定后可采用耐腐蚀合金钢质管道或内衬耐腐蚀合金双金属管道。应设置走向标志桩并标明"含硫化氢"或"有毒"的字样、生产单位名称及可与其联系的电话号码。

（6）硫化氢平均含量大于或等于5%（体积）的集气站应设置硫化氢有毒气体泄漏监测系统、视频监控系统、火灾报警系统、应急广播系统。油气田水处理及回注场站宜设置视频监控系统。

（7）硫化氢环境集气场站应设置置换口，宜可分区、分段设置。气田水处理装置上宜预留氮气置换、吹扫的接口。如采用缓蚀剂防腐，应设置缓蚀剂注入口、腐蚀监测点，配置腐蚀监测设备，定期进行腐蚀监测结果评价。

（8）气田水处理场站的所有机泵、阀门、仪表等过流部件应选用耐腐蚀材料，或其表面经过耐腐蚀材料处理。储水罐及管线宜选用耐腐蚀、成熟可靠的非金属材料，当采用碳钢材料时，必须采取可靠的防腐蚀措施。

（9）硫化氢环境天然气生产、处理场所应设立紧急火炬放空系统，含硫化氢气体应燃烧后放空。

（四）含硫气田的防腐设计

（1）高含硫气田开发，硫化氢对金属材料的腐蚀是不可避免的。在系统设计时可考虑的防腐措施主要有：

① 采用耐腐蚀的材料；

② 涂抹防腐蚀涂层；

③ 应用缓蚀剂；

④ 采用多层套管；

⑤ 安装井下分隔器；

⑥ 实施阴极保护。

在防腐措施上，除了在金属材料方面进行严格选择外，还采用缓蚀剂。常用的缓蚀剂主要是油溶和水分散的有机缓蚀剂。

（2）硫化氢环境天然气中存在 CO_2 时，应考虑腐蚀防护。

（3）气田水处理和回注站原水及处理后水管道宜设置腐蚀监测设施。站场应安装在线腐蚀监测装置并定期对设备、压力管道进行壁厚检测，以实现对井下管串及地面工艺流程的腐蚀监测。

二、含硫气田采气集输过程防护

在含 H_2S 气体的气井生产管理中，对 H_2S 的影响应进行全面的安全评价，从人员组织、生产布局、工艺设计等方面进行通盘考虑，制定出一整套合理生产操作方案来解决 H_2S 的危害。

（一）含硫气井的生产防护

高含硫气井顺利投入运行后，应按高含硫气井的特点进行比一般气井更严格和周密的生产管理。

（1）气井正常生产期间，井下安全阀、井口安全阀应保持全开，应打开的采气树闸阀保持全开状态，控制系统应不渗不漏，应通过操作关闭机构来测试井下安全阀的渗流率，并应 6 个月进行一次试验。井口安全阀应每半年开关动作一次，使其处于正常工作状态。

（2）对井口设备、井控装置、管线及其配件等进行连续或定期壁厚、腐蚀监测，特别是流速高、易积水、应力集中严重的部位，了解硫化氢对设备、管线的腐蚀状况，以及对附件的完整性、灵活性、密封性的影响状况。

（3）日常进入硫化氢环境生产场所或有限空间进行取样、计量、巡检、日常维护、拆卸更换阀门和清洗孔板等工作人员应佩戴便携式硫化氢检测报警仪、空气呼吸器等必要的人身防护装备，保证人员安全。有两个或以上单位同时进行时，应指定专人负责协调同步操作，指令传达到所有的作业人员。并且做到：

① 因异常情况出现不可控制的泄漏，值班人员应采取果断措施关闭井口或其他阀门，及时切断气源。

② 加强巡检工作，认真坚持每 4h 进行一次现场巡回检查，巡检时一人检查，一人监护。发现问题立即采取相应的措施并做好记录。同时应严格执行每半小时一次的 LCD 面板巡回检查制度。

③ 应在排污前检查污水罐附近是否有人畜活动，排污时尽量将自动排污低限设置高一些，避免含硫天然气进入污水罐。

④ 每月定期定时组织井站员工进行防中毒等有针对性的安全事故应急预案的演练。

⑤ 每天由当班人员检查空气呼吸器的供气压力是否足够，每周一次检查空气呼吸器的管路是否完好和符合安全要求。

⑥ 外来施工人员进入井站施工，必须自行配备带有独立清洁空气源的呼吸器（不能挪用井站现有的空气呼吸器）。

⑦ 当环境空气中 H_2S 浓度达到 $10mg/m^3$ 而报警时，井站作业人员应立即

查明泄漏点，准备防护用具。当浓度达到 $50mg/m^3$ 而报警时，所有人员须首先通过风向标观察风向，疏散下风向人员，抢救人员进入戒备状态。同时查明泄漏原因，采取措施，控制泄漏，向上级报告情况。H_2S 浓度持续上升无法控制时，立即实施应急预案。

⑧ 高含硫气井应定期作气质分析化验，及时了解 H_2S 的变化情况。

（4）特殊操作管理。具体如下：

① 放空。当需要含硫化氢天然气放空时，严格按操作规程操作，先疏散人畜，应将其引入火炬系统，先点火后放空，燃烧排放。尽量减少放空次数和放空气量，平稳操作，减少环境污染和避免中毒事件发生。放空分液罐（凝液分离罐）应保持低液位，防止放空气体携液扑灭火炬。

② 排污。污水的大量排放中要防止 H_2S 从水中逸出进入大气，特别要防止排污中出现窜气现象，导致高含硫天然气进入大气。设置自动排污的高低限值，应尽可能将低限值设置得高一些，尽量减少天然气以窜气方式进入大气的可能性。排污操作时，严格控制排污阀后压力（不超过 0.4MPa）。应将污水池（罐）或污水池区域长期划为警戒区域并设立明显的警戒标志，严防人畜进入该区域。

③ 污水的运输处理。污水车停放在污水转运点后，驾驶员应下车并走出警戒线以外：

- 两名班组员工佩戴空气呼吸器和硫化氢检测仪进行污水转运操作，将污水放至污水车，污水放满后，将污水车盖密闭。
- 污水车驾驶员佩带硫化氢检测仪将污水车开出站场，运至污水处理站。
- 污水运输车达到污水处理站停放位置后，驾驶员下车远离警戒线，同时污水处理站人员佩戴空气呼吸器、硫化氢检测仪，在 50m 内没有无关的人员的情况下，向污水池倒污水。
- 倒运完毕，污水处理站员工用便携式检测仪检测驾驶员操作范围大气硫化氢含量，确认对人身无影响后，驾驶员方可开出污水处理站。
- 在高含硫气井投产初期，污水运输中应安排一名安全监督人员随车运送污水，规范污水转运过程，保护驾驶员、污水装卸人员、污水处理人员的安全。

（5）危险、危急时的报警。在高含硫井场内安装报警器和扩音器，并定期对报警器进行调试，同时告知周边群众报警器的作用。一旦发生异常，采用报警器进行报警，并用扩音器指挥站上和周边居民的安全疏散。

（二）含硫天然气集输防护

（1）硫化氢平均含量大于或等于 5%（体积分数）的集气管线投产前应将

产出原料气封闭于管线内48~72h，检查管道是否存在抗硫化氢应力开裂。集输管道高后果区、高风险段每周至少巡检一次。巡检时应佩戴正压式空气呼吸器，双人巡检，一人操作，一人监护。

（2）站场、管线紧急停车系统（ESD）在触发关闭后，再次启动前应现场人工复位。

（3）在流程易冲蚀部位应设置壁厚定期监测点，定期监测记录壁厚数据、分析风险。对高含硫天然气的管道、设备应实时监控腐蚀情况。腐蚀检测选点应考虑设备的薄弱环节，如设备的焊缝和不同形状和尺寸的连接部位等。通过腐蚀监测与调查数据分析评价腐蚀控制效果，并及时调整防腐方案。

（4）应保证天然气集输温度高于水合物形成温度3℃以上。硫化氢环境湿气管道管内气体的流速控制在3~6m/s。

（5）应定期进行管道清管、缓蚀剂涂膜。清管作业采取防止硫化亚铁自燃的措施。清管作业清除的含硫污物及生产过程中产生的含硫污水应进行密闭收集、输送并进行脱硫化氢处理。

（6）管道阴极保护率100%，开机率大于98%。阴极保护电位应控制在-0.85~-1.25V。场站绝缘、阴极电位、沿线保护电位应每月检测一次。

（7）如当高含硫天然气需要并入非专设的原有矿场集输及处理生产设施时，应加强测定这些设施各点处的天然气含硫量变化情况，并对其抗硫能力做预评价，确保装置、设备、管线等的本质安全。

（8）应定期对管道及其附属设施进行安全检查，应定期对阀室阀门进行维护保养。

（三）含硫天然气净化处理的防护

高含硫气田既有烷烃气资源，又有硫化氢经脱硫而产生的硫资源，因此是双资源气田。但高含硫天然气需要经过脱硫净化处理后才进入输气干线。天然气净化包括了脱水、脱硫、硫回收以及尾气处理等配套技术，与国外相比在设备、控制技术、消耗指标等方面还有一定差距。应严格执行天然气处理厂各项规定。

（1）根据天然气的性质选择化学溶剂法或者物理溶剂法或者化学-物理溶剂法等。严格按工艺流程及其控制参数进行操作。在明显位置设置防毒、防火、防爆等安全警示标志、防护用品存放点标识和应急疏散通道标识等。

（2）天然气处理厂的工艺管道应经试压合格，并经置换合格方可投入使用。管道置换空气时，应采用氮气或其他惰性气体。置换过程中气流流速不宜大于5m/s，当末端放空气体氧含量不大于2%时即可认为置换合格。天然气置换惰性气体时，当甲烷含量达到80%，连续监测三次，甲烷含量有增无减，则认为天然气置换合格。无关人员不得进入管道两侧 50m。

（3）作业人员在进入工艺装置区时应携带便携式硫化氢监测仪，当空气中硫化氢含量超过 15mg/m³（10ppm）时应佩戴正压式空气呼吸器（如特高含硫气田普光气田就要求所有采集气站人员在进行巡检或作业时必须佩戴好正压式空气呼吸器），至少两人同行。

（4）应定期对原料气、净化气的气相组分进行测试以检测其中的硫化氢浓度，评价处理效果。及时发现问题及时处理，确保处理效果。

（5）设置的 ESD 和 FGS 应与全厂控制系统有效连接，统一监控。每年对安全仪表系统（SIS）进行一次实际或模拟功能测试。天然气处理厂的压力容器、管道按特种设备检验规程的要求进行年度检查和全面检验。固定可燃气体检测仪、硫化氢气体检测仪进行定检。及时更换传感器或电池。防雷、防静电接地装置及电器仪表系统等应定期检查。

（6）定期维护防腐监测系统，利用监测数据定期评估硫化氢腐蚀状况，并及时采取相应的措施。

（7）应做好设备、管线防腐，降低硫化亚铁自燃可能性，对存在硫化亚铁的设备、管道、排污口进行喷水冷却。

（8）加强巡回检查，确定巡回检查内容和巡回检查周期；在检查产水流体的系统中，宜使用 H_2S 监测系统或程序（如可视观察、肥皂泡测试、便携式检测仪、固定监测设备等）来监测 H_2S 的泄漏；进入受限空间严格执行作业许可制度。

（四）高硫天然气开发的综合防护方向

（1）材料工程与防腐技术的发展。目前的防腐方法主要是管柱材料的防腐、在管柱壁加防腐涂料、加缓蚀剂。但由于防腐涂料及原料其成本都比较高，加之高含硫石油天然气开采的废弃压力比通常情况下要高，从而严重影响了高含硫油气田的开发。要使高含硫油气田的开发达到一个新的水平，必须开发更加经济、实用的防腐材料、缓蚀剂。

（2）勘探开发一体化趋势以及油气田开发的早期介入。对于高含硫气田由于其腐蚀性、毒性的特点，在早期勘探阶段介入，进行一体化设计建设、开发，不但有利于储层保护，也有利于钻井、完井的安全与高效，关系到高含硫气田的最终合理开发。

（3）以安全性为中心的高含硫油气田开发将在以下几方面加大力度：加强气藏早期预测、特别是油气藏压力、流体早期预测；其次提高油气田管理者与生产者的综合素质水平，增强人员配备，在现场人员配备中不但要有地质工程师、钻井工程师、完井工程师，而且还需要配备油气藏工程师、油气田防腐工程师等。

（4）腐蚀的动态监测不但有助于掌握气藏开采的动态，还有利于采取防腐措施或其他修井等措施。

三、含硫气田采气集输检维修防护

（1）开展日常检查维护。阀门、法兰、连接件、测量仪表和其他部件应经常检查以便及时发现进行修理和维护；采气井口装置、地面管线、设备应定期除锈防腐；各阀门应定期加注黄油、密封脂；井口装置、地面管线、设备除加注缓蚀剂保护外，集气管线、输卤水管线的内壁可采用防硫涂料进行内壁涂层保护。

（2）管道和装置检维修时应编制检修方案，检修方案中应包含安全专篇和应急预案，报上级主管部批准后实施。应根据应急预案配备维（抢）修设备和器材，设置维（抢）修机构。

（3）检修前应对检修人员进行安全培训和安全技术交底，并应对检修作业条件进行确认。检修前应进行物理隔离、能量隔离；检修完毕后，应组织现场验收和投产安全条件确认。

（4）检修仪表应在泄压后进行；在爆炸危险区域内检修仪表和其他电气设施时，应先切断相应的控制电源。

（5）管道阀室、受限空间，以及存在天然气泄漏、硫化氢易集聚的低洼区域应先通风或置换，再检测硫化氢浓度，最后再检修或进入。进入受限空间严格执行作业许可制度。当硫化氢含量超过 $15mg/m^3$（10ppm）时应佩戴正压式空气呼吸器，作业至少两人同行，一人进入作业，一人在外监护，并提前准备好救援措施及工具。

（6）检修更换的仪器仪表、阀门、管线材质应与原设计保持一致，并遵循设备变更制度。不得采取焊接方式修补，应更换新的零部件。

（7）集输管道检修、改造焊接应遵循原焊接工艺规程规定；天然气硫化氢体积分数大于或等于5%的集输管道检修施工前应进行焊接工艺评定，评定内容应包括硫化物应力开裂（SSC）和抗氢致开裂（HIC）试验。

（8）清管球（器）收发装置（包括快开盲板）的使用管理应建立定期维护保养制度；对生产运行过程中进行清管球（器）收发放筒，以及打开盛装过含硫化氢天然气的容器、工艺管道进行清洗、更换元器件作业时应采取防毒、防火灾爆炸、防硫化亚铁自燃的措施，并严格执行。

（9）应采取截断、放空、置换措施消除作业部位存在的硫化氢气体。气体检测应在作业前30min内进行；中断作业后应重新进行检测；硫化氢气体置换合格标准为小于 30mg/m³（20ppm）。

（10）放空火炬点火装置应定期维护、检查，确保处于正常状态。

第五节　涉硫特殊作业防护

一、受限空间作业硫化氢防护

受限空间是指进出口受限，通风不良，可能存在易燃易爆、有毒有害物质或缺氧，对进入或探入人员的身体健康和生命安全构成威胁的封闭、半封闭设施及场所，如反应器、塔、釜、槽、罐、炉膛、锅筒、管道以及地下室、窖井、坑(池)、下水道或其他封闭、半封闭场所。

石油化工企业在日常生产、检维修活动中经常需要进入油罐、反应釜、塔、地下管廊沟渠、地沟、油池、污水池等受限空间作业，这些工作界面都有可能面临硫化氢中毒的风险。近年来，进入受限空间发生硫化氢中毒时有发生，因此，加强受限空间作业硫化氢防护势在必行。

（一）实行作业许可

（1）进入受限空间作业必须办理许可证。

（2）许可证审批人和监护人应持证上岗，经过作业 JHA 分析，制定相应的控制措施，现场进行作业许可审批。

（3）作业过程要实行全过程视频监控。对确实难以实施视频监控的作业场所，应在受限空间出口设置视频监控。

（4）受限空间作业要实行"三不进入"。即无进入受限空间作业许可证不进入，监护人不在场不进入，安全措施不落实不进入。

（二）受限空间作业硫化氢防护措施

（1）基层单位及施工单位现场安全负责人应对现场监护人和作业人员进行必要的安全教育或安全交底。至少包括有关安全规章制度；预防硫化氢中毒应采取的措施；个体防护器具的使用方法及注意事项；事故的预防和自救知识；事故应急救援措施等。

（2）制定安全应急预案或安全措施，其内容包括作业人员紧急状况时的逃生路线和救护方法，监护人与作业人员约定联络信号，现场应配备的救生设施和灭火器材等。现场人员应熟知应急预案内容，在受限空间外的现场配备一定数量符合规定的应急救护器具（包括空气呼吸器、供风式防护面具、救生绳等)和灭火器材。出入口内外不得有障碍物,保证其畅通无阻,便于人员出入和抢救疏散。

(3)当受限空间状况改变时,作业人员应立即撤出现场,并在入口处应设置警告牌,严禁入内,并采取措施防止误入。处理后需重新办理许可证方可进入。

(4)在进入受限空间作业前,应切实做好工艺处理工作,将受限空间吹扫、蒸煮、置换合格;对所有与其相连且可能存在硫化氢、易燃易爆、有毒有害物料的管线、阀门加盲板隔离,不得以关闭阀门代替安装盲板。

(5)为保证受限空间内空气流通和人员呼吸需要,可采用自然通风,必要时采取强制通风。管道送风前应对风源进行分析确认,严禁向内充氧气。进入受限空间内的作业人员每次工作时间不宜过长,应轮换作业或休息。

(6)作业前30min内,应根据受限空间设备的工艺条件对受限空间进行硫化氢、有毒有害、可燃气体、氧含量分析,分析合格后方可进入。受限空间内部任何部位的可燃气体浓度和氧含量合格(当可燃气体爆炸下限大于4%时,其被测浓度不大于0.5%为合格;爆炸下限小于4%时,其被测浓度不大于0.2%为合格;氧含量19.5%~23.5%为合格),有毒有害物质不得超过国家规定的"车间空气中有毒物质最高容许浓度"指标(H_2S最高允许浓度不得大于$10mg/m^3$);受限空间内温度宜在常温左右。监测结果如有1项不合格,应立即停止作业。监测人员对受限空间监测时应采取有效的个体防护措施。

(7)作业人员进入受限空间要佩带便携式气体报警仪,作业中应定时监测,至少每2h监测一次,如监测分析结果有明显变化,则应加大监测频率。对可能释放有害物质的受限空间,应连续监测,情况异常时应立即停止作业,撤离人员,对现场进行处理,分析合格后方可恢复作业。

(8)对盛装过产生自聚物的设备容器,作业前应进行工艺处理,采取蒸煮、置换等方法,并做聚合物加热等试验。

(9)进入受限空间作业,不得使用卷扬机、吊车等运送作业人员;作业人员所带的工具、材料须登记,禁止与作业无关的人员和物品工具进入受限空间。

(10)在特殊情况下,作业人员可戴供风式面具、空气呼吸器,必要时应拴带救生绳等。使用供风式面具时,必须安排专人监护供风设备。

(11)发生人员中毒、窒息的紧急情况,抢救人员必须佩戴隔离式防护面具进入受限空间,严禁无防护救援,并至少有1人在受限空间外部负责联络工作。

(12)作业停工期间,应在入口处设置警告牌,严禁入内,并采取措施防止人员误进。作业结束后，应对受限空间进行全面检查，清点人数和工具，确认无误后，施工单位和基层单位双方签字验收，人孔立即封闭。

（13）所有打开的人孔分析合格之前及非作业期间必须要用人孔封闭器进行封闭并挂"严禁进入"警示牌，严禁私自进入。

（14）作业期间发生异常变化，应立即停止作业，经处理并达到安全作业条件后，需重新办理作业许可证，方可继续作业。

（三）案例分析——某油田社区管理中心承包商硫化氢中毒事故

2013年7月25日15时40分左右，山东某建安A公司施工人员在社区管理中心2号污水泵站沉淀池进行清淤作业过程中，发生中毒事故，造成4人死亡，直接经济损失220.6万元。

1. 事故经过

为保证污水站的正常运行，油田社区从2013年6月开始准备对各提升泵站进行清淤，施工任务由山东A公司承担。

7月20日，A公司施工人员开始对油田社区2#泵房污水沉淀池进行施工准备，捞取浮渣，使用自备泥浆泵抽水降低水位。21日，因自备泥浆泵烧坏，停止作业。

7月24日，社区职能部门组织有关单位召开了协调会议，再次强调并进一步明确了施工作业的相关安全防护措施。

7月25日14时30分左右，4名施工人员于某某、孙某某、于某某、张某某来到社区2#泵房污水沉淀池，进行施工准备，启动临时排水泵排水。14时45分左右，项目经理于某某到达现场。14时58分，社区技术质量监督中心质检员王某某到现场检查安全防护情况。因现场安全措施未到位，质检员王某某对施工负责人于某某说："天气炎热，无安全绳，措施不到位，禁止施工，整改后再干。"质检员王某某在禁止施工队伍作业后离开。

15时40分，施工队伍在未做整改的情况下擅自开始施工，施工员于某某佩戴防尘口罩，在未系安全绳的情况下，携带铁锨下池作业，拟清除堵塞在格栅上的垃圾。尚未下到沉淀池底部(池底水深1m左右)，就喊"不行，我得上去"，随后扔掉铁锨向上爬，但已抓不住梯子和绳子(提升垃圾用)，坠入沉淀池底。经理于某某见状，立即佩戴防尘口罩下去施救，随后施工员于某某、孙某某未佩戴防护器材也相继下到沉淀池底参与施救，3人一起托起施工员于某某，试图将其顶上来，但3人已出现中毒症状，无力将其救出。地面施工人员张某某见状，向3人身边甩动绳子，呼喊让他们抓住绳子，试图将3人拉上来，但3人已无法抓住绳子，张某某随即呼喊救人。沉淀池旁边的电动车店主徐某某闻讯赶来，与张某某一起向3人身边甩动绳子，3人已无反应。15 时 43 分，徐某某让其女儿徐某拨打"119"报警。徐某拨打当地派出所报警电话，因无法说清情况，就跑到不远处的当地派出所报警。民警赶到现场后，迅速联系了消防和医护人员到现场施救。

15 时 50 分，社区消防中队接到报警后，迅速向消防支队指挥中心报告，请求指挥中心协调周边消防队前来增援。社区管理中心接到报告后立即启动应急救援预案，组织、协调、实施救援。16 时 07 分左右，社区消防中队首先到达事故现场，随后当某 A 消防中队、某 B 消防中队、某 C 消防中队等相继赶到现场实施救援，佩戴空气呼吸器、防化服，进入沉淀池，开展施救，分别于 17 时 05 分、17 时 14 分、17 时 20 分、17 时 35 分，依次将 4 名施工人员救出。滨海医院救护人员立即进行了现场诊断和救治，随后送往滨海医院继续抢救。4 人经抢救医治无效死亡，死亡医学证明死亡原因为"溺水"。

2. 事故原因

（1）直接原因

施工人员于某某违章作业，未佩戴规定的防护器材，在仅佩戴防尘口罩、未系安全绳的情况下，擅自进入污水泵站沉淀池底作业，吸入了硫化氢等有害气体，造成急性中毒，坠入池中溺水，导致死亡。

现场其他 3 名施工人员缺乏应急救援知识，在未采取安全防护措施的情况下，相继下到沉淀池底部盲目施救，造成急性中毒、溺水死亡，导致事故进一步扩大。

（2）间接原因

进入受限空间作业制度执行不严，是造成事故发生的主要原因。

山东 A 公司未按照上级部门的进入受限空间作业安全管理规定要求办理《进入受限空间作业许可证》，未进行危害识别，未制定有效的防范措施，未按规定取样分析，作业人员未按规定佩戴隔离式防护面具进入受限空间。

A 公司安全意识淡薄，是导致事故发生的重要原因。

施工人员缺乏防范硫化氢、二氧化碳等有害气体的常识，施工人员在现场没有进行有效的危害辨识，没有配备符合规定要求的防护用品，导致事故发生。

A 公司安全生产主体责任不落实，是导致事故发生的重要原因。

A 公司没有按照相关安全规定，对施工队进行有效管理，没有进行安全教育、安全监督检查，对《开工报告》《施工组织设计（方案）》审查不严。

社区承包商安全监管不到位，是事故发生的原因之一。

社区虽然与承包商签订有《安全施工协议书》，但对作业人员的安全教育针对性不够。对承包商《施工组织设计》中的安全措施审查不细致，把关不严，未指出防硫化氢措施。

社区对《进入受限空间作业安全管理规定》等制度执行不到位。社区技术质量监督中心质检员负责现场监管工作，虽然到现场进行了检查，对施工人员进行了口头制止，但未按规定进行书面确认，施工现场安全监管不到位。

二、盲板抽堵作业硫化氢防护

盲板抽堵作业是指在设备抢修、检修及设备开停工过程中，设备、管道内可能存有物料(气、液、固态)及一定温度、压力情况时的盲板抽堵，或设备、管道内物料经吹扫、置换、清洗后的盲板抽堵。

(一)实行作业许可

盲板抽堵作业必须办理许可证。作业期间要全过程视频监控。盲板抽堵作业涉及其他特殊作业时，要求办理相关的作业许可证。

(二)盲板抽堵作业硫化氢防护措施

(1)在有毒介质的管道、设备上进行盲板抽堵作业，应尽可能降低系统压力，作业点应为常压。通风不良作业场所要采取强制通风等措施，防止可燃气体积聚。

(2)作业人员个人防护用品应符合 GB/T 11651—2008《个体防护装备选用规范》的要求。在易燃易爆场所进行盲板抽堵作业时，应穿防静电工作服、工作鞋；在介质温度较高或较低时，应采取防烫或防冻措施。

(3)作业人员在介质为有毒有害(硫化氢、氨、苯等高毒及含氰剧毒品等)、强腐蚀性的情况下作业时，禁止带压操作，且必须佩戴便携式气体检测仪，佩戴空气呼吸器等个人防护用品。作业现场应备用一套以上符合要求且性能完好的空气呼吸器等防护用品。

(4)在易燃易爆场所进行盲板抽堵作业时，必须使用防爆灯具与防爆工具，禁止使用黑色金属工具与非防爆灯具；有可燃气体挥发时，应采取水雾喷淋等措施，消除静电，降低可燃气体危害。

(5)作业人员应在上风向作业，不得正对法兰缝隙；在拆除螺栓时，应按对称、夹花拆除，拆除最后两条对称螺栓前应再次确认管道设备内无压力。如果需拆卸法兰的管道距支架较远，应加临时支架或吊架，防止拆开法兰螺栓后管线下垂。

(6)距作业点30m内不得有用火、采样、放空、排放等其他作业。

(7)同一管道一次只允许进行一点的盲板抽堵作业。

(8)每块盲板必须按盲板图编号并挂牌标识，并与盲板图编号一致。

(9) 对审批手续不全、交底不清、安全措施不落实、监护人不在现场、作业环境不符合安全要求的，作业人员有权拒绝作业。

（三）案例分析——某石化总厂硫化氢中毒事故

1. 事故经过

2017年3月28日，某石油化工总厂在重整装置界区进行酸性气管线盲板拆除作业，当天车间与维修人员共同进行盲板位置确认和安全确认，并一次性签发12张盲板作业票。上午，顺利完成9块盲板拆除作业。下午，维修人员未通知加氢重整车间有关人员，未携带硫化氢检测仪和正压式空气呼吸器等个体防护装备，在进行剩余3块盲板拆除时，由于酸性气闸阀泄漏，致1名作业人员中毒晕倒。接到维修人员的求救，车间监督人员自己佩戴过滤式防毒面具前往施救，顺利将昏迷人员拖至二层平台楼梯口，等待消防人员接应，之后，又返回查看泄漏点，中毒晕倒在管廊上。事故最终造成1名员工死亡、1名员工受伤。

2. 事故原因

（1）直接原因

作业人员在拆除酸性气(高含硫化氢)出装置闸阀盲板作业时，因界区管线阀门内漏，酸性气泄漏，致1名作业人员中毒；救援人员处置不当，导致硫化氢中毒死亡。

（2）间接原因

① 维修队随意违反盲板作业管理制度，加氢重整车间对施工单位未落实属地管理责任，机动设备科作为施工作业业务主管部门，过程安全管理缺失。

② 作业人员违反"双监护"要求，在未佩戴必要的防护用品、未绘制盲板分布图且未经过车间允许的情况下擅自进入装置区实施作业，加氢重整车间对入场施工人员管控缺位，机动设备科未认真审查施工方案，作业过程未按规定实施视频监控。

③ 装置消缺施工方案中没有盲板作业JSA分析，对酸性气管线可能存在硫化氢富集的风险辨识不充分，监护人员变更后未重新进行安全技术交底及开具盲板作业票。

④ 硫化氢风险培训不到位，防范意识淡薄。有关人员未落实硫化氢培训取证，施救人员救援技能缺失，应急处置不当，现场有毒气体检测和防范不到位。

三、管线解堵作业硫化氢防护

解堵作业是指使用水泥车或专用设备(或利用化学药剂)对管线因液体

凝固或沉积物造成堵塞的疏通作业，分压力解堵和化学解堵（注水管线酸洗）。

（一）实行作业许可

（1）管线解堵作业实行许可管理。易燃易爆有毒介质的管线解堵作业应在办理《管线解堵安全许可证》后，才可作业。

（2）现场作业人员需要经过培训，了解管线解堵、化学制剂等相关知识，掌握操作技能。

（3）解堵用相关设备（设施），应经过检验合格。

（4）严禁用火烧处理冻堵管线。

（二）管线解堵作业硫化氢防护措施

（1）普通管线解堵，由作业队工程技术人员编写解堵施工方案，基层队现场负责人审批后实施。

（2）易燃易爆或有毒介质管线解堵作业，由作业施工工程技术人员依据解堵施工方案和危害识别结果、作业程序和防护措施填写管线解堵作业安全许可证，基层队现场负责人现场确认后签发。

（3）地面集输管线除垢解堵的化学处理中，使用盐酸清除硫酸亚铁沉积物，会形成硫化氢气体，应执行相关的硫化氢作业安全管理规定。

（4）采取分段方式进行解堵时，应有 HSE 管理部门、专业主管部门对解堵方案现场确认（主要涉及用火作业）才可施工。

（5）作业前准备：施工现场负责人应召开现场交底会，对施工作业人员进行技术交底和风险告知。现场 HSE 管理人员及相关人员对方案的安全措施落实情况进行检查确认，主要包括：作业现场警示标识设置、隔离区域划分、施工车辆和设备摆放位置、安全通道、采用化学解堵介质取样分析结果、环保措施等。

（6）验证作业许可证后，由现场负责人组织开工。

（7）解堵易燃易爆或有毒介质（如硫化氢）的管线时，现场必须配备消防器材和空气呼吸器。

（8）在室内管线上解堵作业时，若发生有毒介质外溢时，要佩戴空气呼吸器进入室内查看，防止发生中毒窒息事故。

（9）夜间解堵作业现场应配备足够的照明设备，施工区应当有明显警示标识。

（10）管线解堵成功后，应将解堵废液用罐车回收拉至污水处理站，处理达标后随油田污水回注。在处理已知和怀疑有硫化氢污染的废液过程中，人员应保持警惕。处理和运输含硫化氢的废液时，应采取预防措施；储运含硫化氢废液的容器，应使用抗硫化氢的材料制成，并附上标签。

（11）采用分段式解堵，恢复生产前，应对解堵管线试压，执行相关试压作业安全管理规定。

（三）案例分析——某石化公司承包商硫化氢中毒死亡事故

1. 事故经过

2008年7月11日，某石化公司排水车间新建斜板隔油装置油泥井的排水管线不通，15时30分左右，排水车间设备工程师卢某通知炼油改造项目监理陈某，要求安排人员疏通。16时30分，陈某打电话给炼化工程公司（某石化公司改制企业）现场负责人王某，要求王某安排正在现场作业的临时工王某某（男，55岁）等进行疏通。

7月12日8时左右，王某某、丁某来到需要疏通的油泥井处开始作业。在未办理任何作业手续情况下，王某沿井壁上固定扶梯下到井底，用铁桶清理油泥，丁某在井上用绳索往上提。大约提了11桶油泥后，发现油泥下面有水泥块，并且有水冒出。王某随即停止作业，爬出进口，并在进口用钢管捣水泥块。

10时20分左右，王某再次沿井壁上固定扶梯下到井内。刚进去就喊往上拉，随即落入井内。丁某赶快叫人。附近作业的炼化工程公司临时工李某、王某某等3人赶来救援。李某赶到后未采取任何防护措施直接下去救人，也倒在井内。随后王某某用绳索系在腰部下井，刚下去就喊往上拉，被抢救上来后已经处于昏迷状态。10时32分左右，公司消防支队接报警后赶到现场。气防人员佩戴防护用具后将王某、李某二人救出并送医院抢救。王某、李某因中毒时间过长，经抢救无效死亡。王某某经救治后脱离危险。

2. 事故原因分析

这是一起严重违章作业责任事故。直接原因是作业人员违章作业，在未办理任何受限空间作业票、未采取任何防护措施的情况下，擅自进入井内作业。吸入高浓度硫化氢气体（事后分析，井内硫化氢浓度为411ppm），造成中毒事故；抢救人员缺乏应急救援知识、盲目施救，导致事故扩大。这起事故暴露出该公司项目管理、施工现场安全监督、外来人员安全教育培训等方面存在严重漏洞。

（1）工程项目管理制度不落实。项目分包较多，管理秩序不清。现场监理人员一个电话就可以安排施工，不开作业票，不进行危害识别，工作随意性强。

（2）施工现场管理混乱。项目部、工程公司在安排作业任务时，没有对作业人员实行现场安全交底，没有安排现场监督检查。对施工人员不办理相关票证就进入受限空间作业的违章行为，没有及时发现、制止，安全监督不到位。

（3）排水车间提交工作任务时，没有对进入受限空间作业风险进行提醒，没有进行危害告知，没有提出作业安全要求。对管辖区域内施工作业缺乏监管，没有及时制止作业人员的违章行为。

（4）外来人员安全教育流于形式。作业人员安全意识淡薄，缺乏应急救援知识，对可能造成的危害认识不足，没有采取防护措施就贸然进入受限空间作业。发生事故时惊慌失措，盲目施救，导致事故扩大。

第四章 石油加工硫化氢防护

石油中的硫主要以有机硫化物的形式存在。部分高硫石油还以元素的形式出现。在石油炼制过程中，硫化氢一般以原有结构形式聚集在蜡油、渣油和其他重馏分内。当炼制含硫原料时，在400℃以上的高温，特别是在催化剂伴随下，高分子有机硫化物即分解还原为硫化氢和其他低分子硫化物，主要集中在气体组分和汽油馏分内。在炼油厂的催化裂化、加氢裂化、重整加氢、焦化、减黏、脱硫、制硫、双塔汽提等装置的石油气、酸性水中都含有硫化氢。硫化氢是石油加工行业普遍存在的有毒气体，如果不注意做好防治工作，就有可能发生中毒事故。

第一节 石油加工工艺中硫化氢来源与形成

一、常减压蒸馏装置

常减压蒸馏装置工艺流程见图4-1。主要由电脱盐、初馏、常压、减压四部分组成，主要生产石脑油、柴油、蜡油、减压渣油以及少量的瓦斯气体。

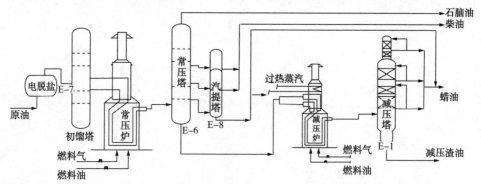

图4-1　常减压蒸馏装置工艺流程

常减压蒸馏过程是纯物理过程。通过原油中各组分挥发度的不同，通过不断的汽化-冷凝过程将组分分离开来。由于原油中含有少量的硫化氢，在生产过程中，不会产生新的硫化氢，原油中的硫化氢会逐渐积聚在装置的低温馏分中，主要分布在装置的塔顶瓦斯气、塔顶油气系统内以及从塔顶油气中分离出的含硫污水系统中。瓦斯气体排入炼油厂的低压瓦斯系统，脱硫后回收再次利用。含有硫化氢的含硫污水排入全厂的含硫污水系统。

二、重油催化装置

重油催化装置工艺流程见图4-2。主要包括反应-再生单元、分馏单元、吸收稳定单元、能量回收及主风机、富气压缩机、一氧化碳焚烧锅炉等六个部分。原料油（减压渣油、减压蜡油、焦化蜡油）经装置换热器换热升温至220℃左右，与来自分馏部分的回炼油混合后分多路经原料油雾化喷嘴进入反应提升管反应器下部，与来自提升管底部的高温催化剂接触，完成原料的催化裂化反应，主要产品有汽油、柴油、液化石油气、瓦斯等。

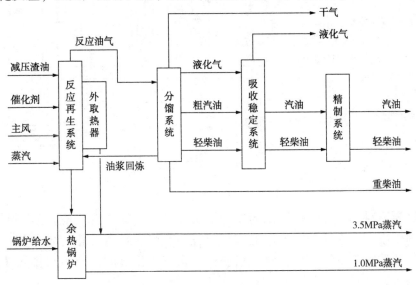

图4-2　重油催化装置工艺流程

重油催化原料在催化剂的作用下，主要有催化裂化反应、异构化反应、氢转移反应、芳构化反应、甲基转移反应、叠合反应和烷基化反应，主要是C—C键的断裂、烃类分子发生结构和空间位置的变化、碳链上的氢转移、芳构化等。

在生产过程中，硫化氢一般以原有结构形式聚集在蜡油、渣油和其他重馏分内。当炼制含硫原料时，在400℃以上的高温，特别是在催化剂伴随下，高分子有机硫化物即分解还原为硫化氢和其他低分子硫化物，主要集中在干气、液化气和汽油馏分内。重油催化装置的硫化氢主要分布在分馏单元的塔顶油气部分、吸收稳定单元、富气压缩机以及含硫污水系统之中。含有硫化氢的介质由脱硫系统脱除硫化氢，含有硫化氢的含硫污水排入全厂的含硫污水系统。

三、制氢装置

制氢装置工艺流程见图4-3。主要由原料系统、脱硫系统、转化部分、变换部分、变压吸附部分、工艺冷凝水回收系统组成，原料为包括加氢干气、焦化干气和催化干气在内的混合干气、天然气。产品为纯度大于99.9%的氢气，供炼油厂各加氢装置使用。

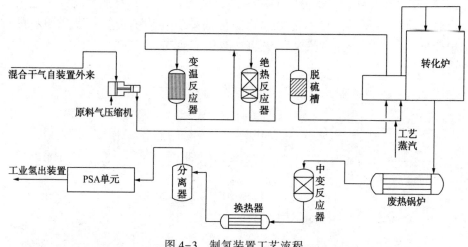

图4-3　制氢装置工艺流程

制氢原料气一部分在催化剂作用下主要进行烯烃饱合反应，另一部分在催化剂作用下发生烯烃饱合反应和氢解反应，将有机硫转化为硫化氢，通过制氢装置的脱硫系统进行脱硫化氢操作。含有硫化氢的含硫污水排入全厂的含硫污水系统。

四、汽油选择性加氢装置

汽油选择性加氢精制工艺流程见图4-4。主要用于催化汽油加氢精制，其目的是除去原料中的硫、氮、氧及金属杂质并饱和烯烃。加氢精制化学反应主要有烯烃饱和反应、加氢脱硫反应、加氢脱氮反应、加氢脱氧反应、加氢裂化、加氢脱金属。装置主要由预分馏部分、一段反应部分、一段汽提部分、二段反应部分、二段汽提部分组成。

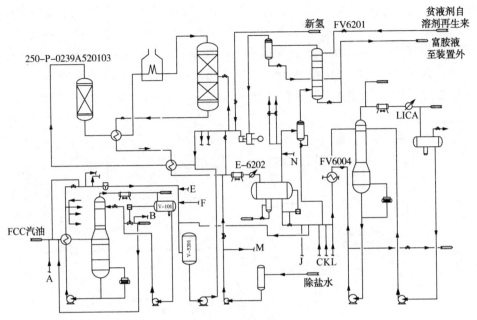

图 4-4　汽油选择性加氢精制装置工艺流程

　　汽油加氢精制的目的是除去原料中的硫、氮、氧及金属杂质并饱和烯烃。硫醇、硫醚和二硫化物的加氢脱硫反应在比较缓和的条件下就能进行，反应中首先发生 C—S 键或 S—S 键断裂，生成的分子碎片再与氢化合。环状化合物的加氢脱硫比较困难，需要较苛刻的反应条件。环状化合物在加氢脱硫反应中先是环中双键加氢饱和，然后再发生断环而脱去硫原子。汽油加氢过程中产生硫化氢的化学反应为加氢脱硫反应。

　　装置加工原料中一般含有硫醇、硫醚、二硫化物和噻吩等。它们在加氢精制条件下进行氢解，转化成相应的烃和 H_2S，从而将硫原子脱掉。反应式如下：

　　硫醇加氢　　$RSH+H_2 \longrightarrow RH+H_2S$

　　硫醚加氢　　$RSR'+2H_2 \longrightarrow RH+R'H+H_2S$

　　二硫化物　　$RSSR'+3H_2 \longrightarrow RH+R'H+2H_2S$

　　硫化氢主要分布在汽油选择性加氢装置的各个工艺单元。装置生产过程中产生的酸性气、酸性水送至相关装置处理，产品再次进入精制装置脱除含有的硫化氢。

五、柴油液相加氢装置

　　柴油液相加氢精制工艺流程见图 4-5。主要用于柴油加氢精制，其目的是除去原料中的硫、氮、氧及金属杂质并饱和烯烃。加氢精制化学反应主要有烯烃饱和反应、加氢脱硫反应、加氢脱氮反应、加氢脱氧反应。装置包括反应部分(包括新氢压缩机)、分馏部分、低分气体脱硫部分及公用工程四个部分，以直馏柴油和催化柴油的混合油为原料，经过加氢脱硫、脱氮，生产精制柴油产品，同时副产少量石脑油。

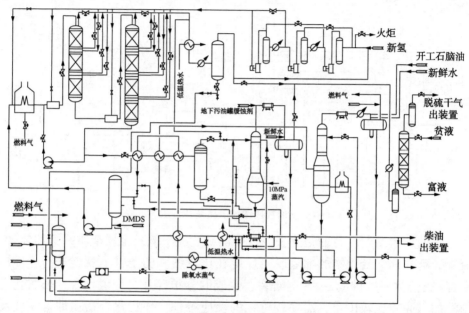

图 4-5　柴油液相加氢精制装置工艺流程

　　硫醇、硫醚和二硫化物的加氢脱硫反应在比较缓和的条件下就能进行，反应中首先发生 C—S 键或 S—S 键断裂，生成的分子碎片再与氢化合。环状化合物的加氢脱硫比较困难，需要较苛刻的反应条件。环状化合物在加氢脱硫反应中先是环中双键加氢饱和，然后再发生断环而脱去硫原子。装置加工原料中一般含有硫醇、硫醚、二硫化物和噻吩等。它们在加氢精制条件下进行氢解，转化成相应的烃和 H_2S，从而将硫原子脱掉。反应式与汽油选择性加氢装置的反应式相同。

　　硫化氢主要分布在柴油液相加氢装置的各个工艺单元。装置生产过程中产生的酸性气、酸性水送至相关装置处理。

六、汽柴油加氢装置

　　汽柴油加氢装置工艺流程见图 4-6。采用以直馏柴油、催化柴油、焦化柴油、焦化汽油的混合油为原料，经过催化加氢反应进行脱硫、脱氮、烯烃饱和，生产满足国标要求的精制柴油。同时，装置还生产少量粗汽油，作为全厂汽油调和组分或重整预处理原料。装置副产品干气去重整装置乙醇胺脱硫单元脱除 H_2S 后作为燃料气组分或者送至重催装置。装置由原料部分、反应部分(包括新氢压缩机、循环氢压缩机、循环氢脱硫)、分馏部分和公用工程部分组成。

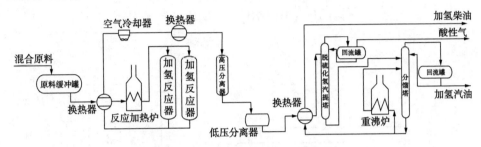

图 4-6　汽柴油加氢装置工艺流程

装置加工原料中一般含有硫醇、硫醚、二硫化物和噻吩等。它们在加氢精制条件下进行氢解，转化成相应的烃和 H_2S，从而将硫原子脱掉。反应式与汽油选择性加氢装置的反应式相同。

硫化氢主要分布在汽柴油加氢装置的各个工艺单元。装置生产过程中产生的酸性气、酸性水送至相关装置处理。

七、催化重整装置

催化重整装置是以精制石脑油为原料，在催化剂的作用和氢气存在的条件下转化生成芳烃或高辛烷值汽油组分的工艺过程。加氢和重整工艺流程见图 4-7。以 HK~170℃直馏石脑油和加氢焦化石脑油为原料，经过预加氢和重整等工序，生产高辛烷值汽油组分。

"重整"就是对原料油分子结构加以重新"调整"的意思。在催化重整反应过程中，原料发生芳构化，五元环烷烃异构化脱氢、脱氢环化、烷烃异构化和加氢裂化生成小分子烃类同，从而提高辛烷值，一般可达 90 以上，且烯烃含量少，安定性好，同时还生成纯度很高的氢气，一般每吨原料可产氢 150~300Nm^3，故催化重整又是炼油厂中获得大量廉价氢气的重要来源。本装置的主要生产过程由预加氢和重整两大部分及干气脱硫部分、膜分离部分等组成。

为了保护重整催化剂，必须对原料油进行预处理。首先在催化剂和氢气存在的条件下，使原料中的含硫、含氮、含氧等化合物进行加氢反应，生成 H_2S、NH_3 和 H_2O，再在汽提塔中脱除。原料中的烯烃生成饱和烃，原料中的砷、铅等金属化合物加氢分解出金属后吸附在加氢催化剂上，然后将含硫液化气和轻石脑油馏分在汽提塔和分馏塔顶切除，硫化氢主要存在于预加氢单元及干气脱硫部分，生产硫化氢的主要化学反应是：

$$RSH+H_2 \longrightarrow RH+H_2S$$

（硫醇）

$$\begin{array}{c} CH-CH \\ \parallel \quad \parallel \\ CH \quad CH \\ \diagdown \quad \diagup \\ S \end{array} +4H_2 \longrightarrow C_4H_{10}+H_2S$$

（噻吩）

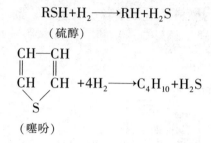

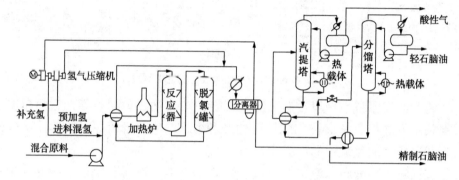

图4-7　预加氢、重整工艺流程图

八、延迟焦化装置

延迟焦化装置作为重要的二次加工装置，工艺流程见图4-8。主要加工常减压装置所产减压渣油，生产液化气、汽油、柴油、蜡油、石油焦等。由焦化、分馏、吹汽放空、水力除焦、冷焦和切焦水循环、吸收稳定、干气和液态烃脱硫系统组成。

渣油在热的作用下主要发生两类反应：一类是热裂解反应，另一类是缩合反应。一般认为烃类热反应的自由基链反应大体有如下三个阶段：链的引发、链的增长和链的终止。在 400℃ 以上的高温，高分子有机硫化物即分解还原为硫化氢和其他低分子硫化物，主要集中在干气、液化气和汽油馏分内。硫化氢主要分布在焦化装置分馏系统的塔顶油气部分、富气压缩机、吸收稳定系统、脱硫系统之中。

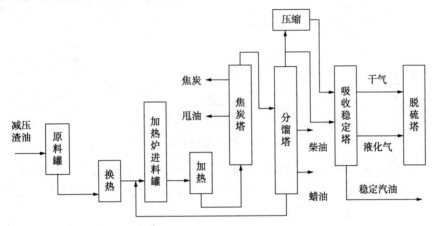

图 4-8　延迟焦化装置工艺流程图

焦化装置采用浓度为 20%~30% 的甲基二乙醇胺溶液进行脱除液化气、干气中的硫化氢。干气脱硫塔及液化石油气脱后的乙醇胺富液进入再生塔进行溶剂再生。塔顶的酸性气送至硫黄回收装置处理。含有硫化氢的含硫污水排入全厂的含硫污水系统。

九、产品精制装置

产品精制装置是为重油催化裂化装置、汽油选择性加氢装置的配套装置。工艺流程见图 4-9。主要对汽油选择性加氢装置产生的汽油精制处理，满足汽油质量要求；对催化裂化装置产生的干气、液化石油气进行脱硫处理，净化干气满足进燃料气管网作为全厂燃料气和精制氢作原料的要求，脱硫液化气满足脱硫醇进料要求；对脱硫后的催化裂化和延迟焦化液化石油气进行脱硫醇处理，满足气体分馏装置进料要求。

干气、液化石油气脱硫部分采用常规 MDEA 溶剂脱除硫化氢操作；液化气脱硫醇采用精致液化气深度脱硫工艺，脱除硫醇，降低总硫含量；精制汽油脱硫醇采用无碱脱硫醇工艺，脱除硫醇，降低总硫含量。装置包含干气脱硫、液化气脱硫、汽油脱臭、碱液再生、溶剂再生、轻汽油碱抽提六个单元。

干气脱硫、液化气脱硫、溶剂再生单元工艺流程图见图 4-9。

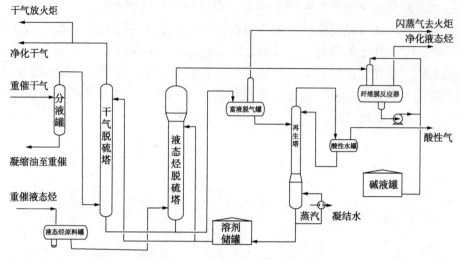

图 4-9　产品精制装置工艺流程图

产品精制装置的主要作用就是对干气、液化气、汽油组分进行脱硫操作，所以装置中的硫化氢含量较高，主要以硫化氢、硫醇以及二硫化物等形式存在于产品精制装置的各个部位。

十、硫黄回收装置

硫黄回收装置工艺流程见图 4-10。采用部分燃烧法，二级 CLAUS 转化的工艺流程，CLAUS 过程气采用来自酸性气燃烧炉的高温烟气进行掺合的加热方式；为提高 CLAUS 段硫黄收率，采用国产新型高 COS、CS_2 水解率及抗硫酸盐化性能催化剂；液硫采用 LS-DeGAS 液硫脱气工艺，脱气后的液硫，送至液硫成型包装设施或液硫装车外销出厂。

尾气处理部分处理硫黄回收装置排放的尾气，尾气处理采用常规还原-吸收工艺；尾气吸收采用具有选择性的 N-甲基二乙醇胺（MDEA 溶液）。

（1）硫黄回收部分

自装置外来的混合酸性气进入酸性气分液罐，分液后的酸性气经酸性气预热器预热至 160℃后进入酸性气燃烧炉。其中混合酸性气中的硫化氢含量高达 60%（体积）。

由燃烧炉鼓风机来的空气经空气预热器预热至 160℃后，进入酸性气燃烧炉。酸性气燃烧炉配风量按烃类完全燃烧和 1/3 硫化氢生产二氧化硫来控制。

燃烧后高温过程气进入酸性气燃烧炉废热锅炉冷却至 350℃。废热锅炉出口过程气进入一级冷凝冷却器冷却至 170℃并经除雾后，液硫从一级冷凝

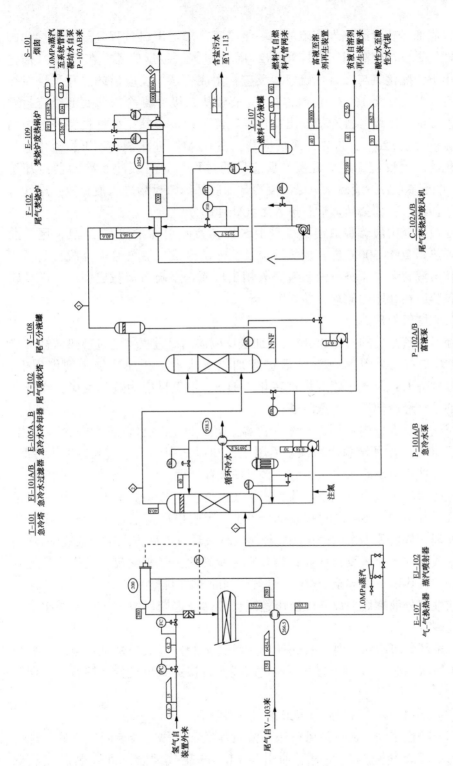

图4-10 硫黄回收装置工艺流程图

冷却器底部经硫封罐进入液硫池。一级冷凝冷却器出口过程气经一级掺和阀用酸性气燃烧炉内高温气流掺和至 240℃，进入一级反应器，在 CLAUS 催化剂作用下，硫化氢与二氧化硫发生反应，生成硫黄。反应后的过程气经二级冷凝冷却器冷却至 160℃ 并经除雾后，液硫从二级冷凝冷却器底部经硫封罐进入液硫池。二级冷凝冷却器出口过程气经二级掺合阀用酸性气燃烧炉内高温气流掺合至 220℃，进入二级反应器，在 CLAUS 催化剂作用下，硫化氢与二氧化硫发生反应，生成硫黄。反应后的过程气经三级冷凝冷却器冷却至 158℃ 并经除雾后，液硫从三级冷凝冷却器底部经硫封罐进入液硫池。尾气再经捕集器进一步捕集硫雾后，进入尾气处理部分。

在液硫池中液硫释放出的少量 H_2S 经蒸汽喷射器抽出与 CLAUS 尾气混合，加热到 200~300℃ 进入加氢反应器，液硫经液硫脱气泵循环脱气后，产品液硫由液硫泵加压进行液硫装车外销出厂或送至硫黄造粒成型机，产品硫黄经包装后在仓库内储存，并外销。

（2）尾气处理部分

经捕集硫雾后的 CLAUS 尾气与加氢反应器出口过程气通过换热器被加热至 280℃ 左右与外补氢气混合后进入加氢反应器。在加氢催化剂作用下，SO_2、COS、CS_2 及气态硫等均被转化为 H_2S。加氢反应为放热反应，离开反应器的尾气经冷却后进入急冷塔。

尾气在急冷塔内利用急冷水来降温。70℃ 的急冷水自急冷塔底部流出，冷却至 40℃，循环至急冷塔顶。因尾气冷却后其中的水蒸气被急冷水冷凝，产生的酸性水由急冷水泵送至酸性水汽提装置处理。

急冷后的尾气离开急冷塔顶进入尾气吸收塔，用 30% N-甲基二乙醇胺溶液吸收尾气中的 H_2S，同时吸收部分 CO_2。吸收塔底富液送至溶剂再生装置统一处理。从塔顶出来的净化尾气经尾气分液罐分液后进入尾气焚烧炉焚烧；尾气中残留的硫化氢及其他硫化物几乎完全转化为二氧化硫。焚烧后的尾气经焚烧炉废热锅炉冷却至 300℃，烟气经 80m 烟囱排空。

酸性气分液罐底部设酸性液压送罐，酸性液定期用氮气压送至酸水汽提装置处理。

硫黄部分事故状态时，酸性气经专线送至酸性气火炬焚烧；当尾气处理部分事故状态时，CLAUS 尾气可通过跨线，直接进入尾气焚烧炉后经烟囱高空排放。

（3）LS-DeGAS 液硫脱气及其废气处理过程

部分净化尾气，通过鼓风机送入液硫池底部，作为液硫脱气对液硫进行鼓泡。脱后废气经蒸汽喷射器抽出与 CLAUS 尾气混合，进换热器加热到

200～300℃进入加氢反应器，在特殊低温耐氧高活性加氢催化剂（LSH-03）的作用下硫蒸气转化为 H_2S，经急冷、胺液吸收、胺液再生，再生酸性气重新返回热反应段进一步回收元素硫，后进入硫黄回收装置后续单元进一步处理。在液硫脱气及其废气处理，制硫尾气经急冷塔急冷后进入吸收塔，吸收塔采用净化度较高的复配高效脱硫剂进行脱硫，保证脱后净化尾气硫化氢含量小于 50ppm（体积），优选小于 10ppm（体积）。

十一、酸性水汽提装置

酸性水汽提装置工艺流程见图4-11。由酸性水预处理部分、酸性水汽提部分及氨精制部分组成。原料为来自常减压、重油催化、加氢、焦化、气柜、硫黄、加氢等装置的含硫污水，主要产品为净化水、酸性气和液氨。其中酸性水中的硫化氢设计含量为5000ppm，在操作过程中的波动范围可达 3000～8000ppm。

自上游装置来的混合酸性水在装置外合并后进入原料水脱气罐，脱出的轻油气送至低压瓦斯系统。脱气后的酸性水进入原料水罐 A 沉降除油，再经原料水增压泵加压进入原料水除油器进一步除油，然后进入原料水罐 B；除油器脱出的轻污油以及原料水罐脱出的轻污油自流至地下污油罐经地下污油泵间断送出装置。除油后的酸性水经原料水泵加压后分两路：一路经冷进料冷却器冷却后进入主汽提塔顶作为冷进料；另一路经换热器换热至150℃后，进入主汽提塔的第一层塔盘作为热进料。侧线气由主汽提塔 17 层塔盘抽出，得到高浓度的粗氨气，送至氨精制系统。汽提塔底净化水冷却至40℃，经净化水缓冲罐缓冲后，一部分净化水经加压泵加压，送至上游装置回用，剩余部分排至含油污水管网；汽提塔顶酸性气经冷却、分液后送至硫黄回收装置。

粗氨气进入氨精制塔，以脱出氨气中的硫化氢，含硫氨水间断排入原料水罐。塔顶氨气进入脱硫吸附器进一步精脱硫、分油后得到产品液氨定期送至液氨罐区。

十二、溶剂再生装置

溶剂再生装置工艺流程见图4-12。是将炼油厂工艺装置脱硫单元产生的脱硫富溶剂集中处理，溶剂再生装置再生对象是脱硫剂，化学名是 N-甲基二乙醇胺，称 MDEA，是一种弱有机碱，能与气体中硫化氢发生化学反应，利用溶剂在低温（20～40℃）时吸收过程，将硫化氢吸收，在较高温度下（105℃或更高）反应是解吸过程。溶剂再生装置是将上游装置送来吸收硫化氢的富液进行再生，再生后的溶剂称为贫液，再送至上游装置吸收用。

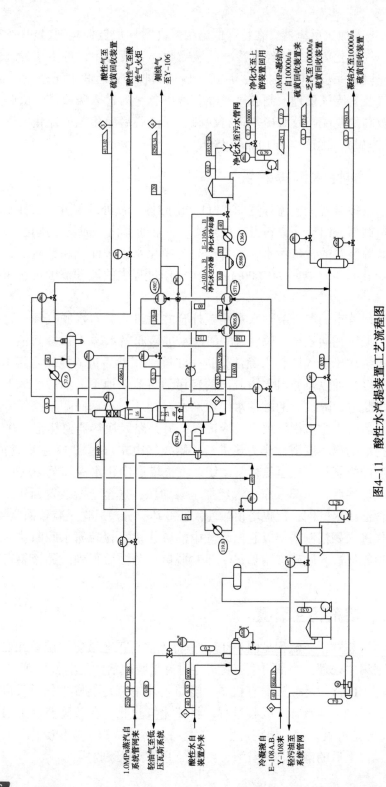

图4-11 酸性水汽提装置工艺流程图

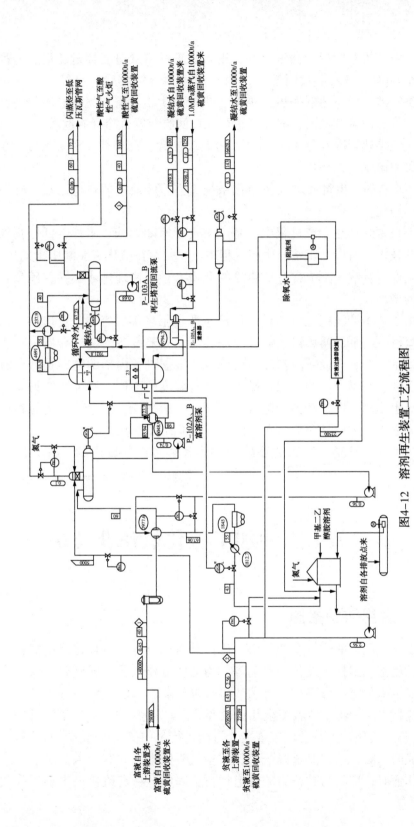

图4-12 溶剂再生装置工艺流程图

自上游装置来的混合富液溶剂，进入装置经富液过滤器过滤后，经换热器换热至60℃，进入富液闪蒸罐，闪蒸出大部分溶解烃，再经富溶剂泵加压，进贫富液一级换热器换热至98℃，进入再生塔。塔顶气体经冷凝冷却后进入酸性气分液罐分液后，酸性气送至硫黄回收装置，冷凝液返塔作为回流。塔底贫液经换热器冷却至43℃后进入溶剂缓冲罐，经溶剂外送泵加压，送至上游装置脱硫单元循环使用。

10%左右的再生贫液进入胺净化系统，去除胺液中的热稳定盐，贫液进一步得到净化。

以上正常装置在生产过程中，基本实现了密闭切液、采样、低压瓦斯气体回收等技术，所以在正常的生产过程中，只是存在硫化氢泄漏中毒的风险，只有在生产异常状态下，含有硫化氢的介质大量直接外排才会导致硫化氢中毒风险的增加。

各类工艺中涉及硫化氢的设备设施主要包括塔器、容器、反应器、加热炉、压缩机、机泵、换热器、空气冷却器等，只要设备内部的介质中存有硫化氢，基本就会是全设备内都涉及硫化氢。根据设备内部的物料是否含有硫化氢等腐蚀、有毒介质的不同，操作压力与温度的不同，所采用的材质及其压力等级也不同，需要具体情况具体分析。一般来说，硫化氢会优先集中在低温介质之中，主要是含硫污水、顶部气相组分和轻油组分中。

其各类工艺管道、管廊的涉硫相关管理和生产装置内的管理方法是一致的。

第二节　石油加工硫化氢作业防护

一、通用防护措施

加工含硫原油的炼油企业，由于生产装置的开停工，检修或抢修；正常生产中的脱水、采样及设备的泄漏等，均会使操作人员接触到硫化氢。为防止人员发生硫化氢中毒事故，要求从事有毒作业和有硫化氢中毒风险的作业人员，应接受防中毒、急救安全知识教育。作业环境(设备、容器、井下、地沟等)有毒害物质浓度符合国家规定，方能进行工作。在进行存在硫化氢中毒风险作业时，必须按照要求佩戴正压式空气呼吸器，并有专人监护。在进入设备内作业时，应将与其相通的管道加盲板隔绝。在有硫化氢中毒风险的工作场所作业，应制定急救措施并配备相应的防护用品器具。对有毒有害场所的有害物浓度，应定期检测，使之符合国家标准。对各类防毒器具必须有专人管理，并定期检查。监测毒害物质的设备、仪器要定期检查，保持完好。发生人员中毒时，处理及救护应及时、正确。

二、采样作业防护措施

1. 含硫化氢气体采样

脱硫前的气体硫化氢含量较高，尤其是酸性气的 H_2S 含量高达 60%～99%，其危险性比未脱硫的液态烃更大。曾有实验测得球胆采样酸性气时周围空气中的 H_2S 含量大于 $125mg/m^3$，因此，对酸性气采样务必采取更有效的防护措施，严格执行涉硫化氢采样的安全防护规定。分析后的酸性气余气，应在橱窗里排空，或以碱液吸收，严禁到处排放。最好用针筒密闭采样，有条件时采用在线分析。

（1）准备工作

① 采样人员检查自身劳保穿戴是否整齐。

② 采样人员检查采样气囊（钢瓶）是否标注有误、有无破损等。

（2）采样步骤

① 采样人员将采样阀门打开少许，放净采样管线中存气，确保采样质量。

② 采样时将气囊采样嘴插入采样嘴，注意不能将气囊充得太足，以防气囊爆裂，然后将气囊取下，将气囊内气体由顶部逐渐向气囊管嘴挤压排净，进行清洗置换，保证采样准确；反复清洗三次，每次置换完毕后要将气囊管嘴口堵住，防止空气进入影响下次清洗置换；最后进行采样，采样后将气囊采样嘴用夹子夹严，防止泄漏。

③ 采样完毕后，将采样阀门关闭，气囊整齐放置在车间取样点处，以方便化验取走。

④ 用钢瓶采样时，先将钢瓶与采样器对应的管口相连，打开钢瓶出入口阀，再将采样器的控制阀门开至采样状态，使采样气体顺流程从钢瓶中流过，待置换 1～2min 之后，依次按照顺序关闭钢瓶的出口阀、钢瓶入口阀，再将采样器的控制阀门开至循环状态；再取下钢瓶，采样完毕。

（3）注意事项

① 采样人员采样时应站在上风口，样品硫化氢含量较高时应有人员监护。采酸性气时必须佩戴好相关防护用品。

② 采样时切忌将采样阀门开大，气囊不宜采得过满，防止爆裂。

③ 采样气囊要核对无误，防止样品采错。

④ 采液化气样应防止冻伤。

2. 含硫化氢液体采样

脱硫处理之前的油品（汽油、石脑油、轻污油）也含有较高的硫化氢，采样过程中硫化氢会从液体中挥发出来，对作业人员造成伤害。而在进行含硫污水采样时，由于含硫污水主要含有 H_2S、氨、瓦斯等有毒有害气体，水质含硫量可高达 $1000 \sim 2900mg/L$，如果采样时，阀门开得过大，污水横流，或洗瓶的污水乱倒，就会污染环境影响职工身体健康，严重时造成 H_2S 中毒身亡事故。因此，采样时应采取必要的防护措施，佩戴适合的防毒面具，应站在上风向，并在装置操作工的监护下进行。采样时手阀不能开得过大，以免污水溅出。置换的污水应排入含硫污水系统，不应乱排乱倒。

（1）准备工作

① 采样人员检查自身劳保穿戴是否整齐。

② 采样人员检查采样气囊是否标注有误、有无破损等。

（2）采样步骤

① 采样人员将采样口阀门打开少许，放净采样口处存油（水），确保采样质量。

② 采样人员将采样瓶接入少许样，然后轻轻摇晃，清洗采样瓶后倒掉，反复三次，清洗干净，确保采样质量；清洗完毕后，采样，采样后及时将瓶口盖住，防止因自然挥发或其他异物溅入造成采样数据偏差。

③ 采样完毕后，将采样阀门关闭，采样瓶整齐放置在固定取样点处。

④ 用钢瓶采样时，先将钢瓶与采样口相连，打开钢瓶入口阀及排空阀，再打开采样阀门，待排空阀放出样品后关闭排空阀；采样完毕后关闭采样阀门和钢瓶入口阀，再取下钢瓶，颠倒数次（清洗钢瓶）后排净样品。按上述步骤清洗钢瓶三次后再正式采样。

（3）注意事项

① 采样人员采样时应站在上风口，样品硫化氢含量较高时应有人员监护，并佩戴好相关防护用品。

② 采样瓶要进行检查核对无误后方可采样。

③ 采样时切忌将采样阀门开大，采样瓶不宜采得过满。

④ 高温液体采样时要注意防止烫伤，有冷却水时要先开采样器冷却水。温度<80℃液体采样时要逐步预热采样瓶，防止采样瓶爆裂伤人；温度>80℃液体采样时应采用金属容器。

三、脱水排凝防护措施

在含硫原油的炼制过程中，从原油到各种半成品、副产品均需脱水排凝作业。这些物料很多都带有 H_2S 等有毒有害气体，务必防患于未然。

脱水作业一般为油品脱水作业、气体脱水作业。一般来说，水的密度大于油、气，会积聚在设备的下部。油气中含有的硫化氢会溶解于水中，经脱水排出后，由于压力降低，硫化氢会迅速地挥发出来，导致作业人员因吸入硫化氢而中毒。含硫化氢介质的脱水必须采用密闭脱水集中回收到一个容器中，再用泵把酸性水送到汽提装置处理。如果有时确需敞开脱水，务必做到：

（1）必须佩戴正压式空气呼吸器，站在上风向，有专人监护，监护人也要佩戴正压式空气呼吸器。

（2）脱水阀与脱水口应有一定的距离，切脱水口应在脱水阀的下风向位置。

（3）脱出的酸性水要用氢氧化钙或氢氧化钠与之中和，并有隔离措施，防止过路行人中毒。

（4）脱水过程，作业人不能离开现场，防止脱出大量的酸性气。

四、日常巡查防护措施

炼化生产装置在正常生产的检查过程中，由于操作的失误，机泵管线设备的腐蚀或密封不严等造成含硫化氢介质的泄漏，污染环境，严重时会造成中毒伤亡事故。因此，必须遵守以下规定：

（1）严格工艺要求，加强平稳操作，防止跑、冒、滴、漏。

（2）装置内安装固定式的硫化氢测报仪，实时监控装置内的硫化氢泄漏状况。

（3）对易发生硫化氢泄漏的地方要加强通风措施，防止硫化氢的聚集。

（4）对有硫化氢的容器、管线阀门等设备，要定期进行检查更换。

（5）发现硫化氢浓度高，要先报告，采取一定的防护措施，才能进入现场和处理。

（6）巡检作业人员穿戴好防护用具，加强个人防护，佩带便携式硫化氢报警仪，携带对讲机，随时和操作室保持联系。

五、检维修作业防护措施

1. 设备、容器、管线有硫化氢物料的堵漏、拆卸或安装作业

① 开展作业前的风险分析，确定风险点，落实管控措施和管控措施责任人。

② 进行作业许可的办理，严格执行作业许可制度(规定)，需要办理其他特种作业时，严格按照作业许可管理规定执行，落实安全防范措施。

③ 严格控制带压作业，必须把与其他设备管线相通的阀门关死，撤压，并应加装盲板进行有效隔离。必要时对作业设备进行置换。

④ 作业人员佩戴正压式空气呼吸器，设专人监护，监护人佩戴好正压式空气呼吸器。作业现场根据作业人数，备用1~2台正压式空气呼吸器。

⑤ 作业需要拆卸法兰时，在松动过程中，不要把螺丝全部松开，应在松动1~2条螺栓后，观察是否有介质漏出，严禁直接将螺栓全部拆除，防止有毒介质大量泄出。

2. 进入设备内部检维修作业

需要进入设备、容器进行检维修作业，一般都需经过吹扫、置换、加盲板、采样分析合格、办理进设备容器安全作业票才能进入作业。但有些设备容器在检修时，需进行清除油污、余渣作业。在清理过程中，油污、余渣会散发出硫化氢和油气等有毒有害气体，因此必须做好下列安全措施：

① 制定施工方案，作业方案必须包含防止硫化氢中毒的安全措施、发生硫化氢中毒时的应急处置措施。

② 作业人员须经过安全技术培训，学会人工急救、防护用具、照明及通信设备的使用。

③ 作业人员佩戴适用的防毒面具，佩带便携式硫化氢报警仪，系好生命绳、通信头盔及其他劳保用品。

④ 进设备容器前，作业设备必须经过置换、蒸煮，并确保置换合格，进行采样分析，根据分析结果确定施工中的安全措施。

⑤ 作业前按照进入受限空间作业的管理规定，办理好作业票，落实防范措施。进设备、容器作业，宜多人轮换作业，一般不超过60min。

⑥ 施工过程中，必须有专人监护，设备的外部配备必要的急救物资，必要时应有医护人员、气防人员在场。

⑦ 作业过程中，监护人应随时和作业人员保持联系，确保作业人的安全。

⑧ 有进入受限空间作业的设备、设施的外部，严禁进行电焊作业。

3. 进入下水道(井)、地沟作业

下水道之中含有硫化氢、瓦斯等有毒、有害气体。进入前必须采取严密的安全预防措施。除严格执行上述的进入设备容器作业的安全防护规定外，还应遵守：

① 严禁在下水道(井)口10m内进行动火作业。

② 严禁各种物料的脱水排凝进入作业的下水道(井)。

③ 采用强制通风，确保下水道(井)内的氧含量大于 20%。

④ 进入下水道作业，井下要设专人监护，并与地面保持密切联系。

4. 进入事故现场

当中毒事故或泄漏事故发生时，应急救援人员需要到事故现场进行抢救处理，这时必须做到：

① 发现事故或事故发生明显变化时，应立即呼叫或报告，不能个人贸然去处理，在采取必要的处置措施之后，有权立即撤离危险场所。

② 进入的人员佩戴合适的防毒面具，或佩戴正压式空气呼吸器，并应有两人以上同行。

③ 在进入塔、容器、下水道等事故现场，需佩戴好正压式空气呼吸器、便携式报警器、对讲机等，还需要系好生命绳。有问题应按联络信号立即撤离现场。

第三节　石油加工硫化氢现场检测

根据 GB 50493—2019《石油化工可燃和有毒气体检测报警设计标准》的要求，在生产或使用可燃气体或有毒气体的工艺装置和储存设施的区域内，对可能发生的可燃气体和有毒气体的泄漏进行检测时，应按规定设置可燃气体检(探)测器和有毒气体检(探)测器。

有毒气体或含有可燃气体的有毒气体泄漏时，有毒气体浓度可能达到最高容许浓度，应设置有毒气体检(探)测器。同时可燃气体浓度可能达到 25% 爆炸下限时，应分别设置可燃气体和有毒气体检(探)测器；同一种气体既属可燃气体又属有毒气体时，应只设置有毒气体检(探)测器。

有毒气体检(探)测器的检(探)测点，应根据气体的理化性质、释放源的特性、生产场地布置、地理条件、环境气候、操作巡检路线等条件，并选择气体易于累积和便于采样检测之处布置。一般气体压缩机和液体泵的密封处、采样口、液体排液(水)口和放空口、设备和管道的法兰和阀门组均属于可能泄漏有毒气体的释放源，应按照要求布置检(探)测点。

在露天和敞开式的设备区域内的检(探)测器位于释放源的全年最小频率风向的上风侧时，有毒气体检(探)测器与释放源距离不宜大于 2m，位于下风侧时不宜大于 1m。在密闭或局部通风不良的环境时，有毒气体检(探)测器与释放源距离不宜大于1m；当有毒气体的密度比空气小时，除应在释放源的上方设置检(探)测器外，还应在厂房内最高点气体易于积聚处设置有毒气体检(探)测器。

石油加工企业设置可燃气体或有毒气体检(探)测器的场所，应采用固定式检(探)测器。可根据生产装置或生产场所工艺介质的易燃易爆特性及毒性，配备便携式可燃和/或有毒气体检测报警器。主要的硫化氢监测设备有固定式硫化氢报警器、便携式硫化氢报警器、便携式多种气体(含硫化氢)报警器、防毒面具(罩)、正压式空气呼吸器等。

第四节　石油加工硫化氢事故案例

一、某重整装置停工处理，盲板隔离和抽空置换作业时发生 H_2S 中毒事故

2016年7月9日8时左右，某连续重整装置氮气置换完毕，将进行盲板隔离和抽空置换作业。8时40分左右，车间班长罗某在施工现场安排韩某、周某等人分别带领承包商施工人员去确认盲板位置，承包商施工负责人邓某负责分配施工人员。9时左右，邓某要求路过施工现场的车间工艺主管杨某开盲板抽堵作业票，杨某未开。9时15分左右，邓某安排施工人员刘某、程某去重整产物分离罐D8201放空管线进行8字盲板掉向作业。9时20分左右，刘某、程某爬上重整产物分离罐D8201顶层平台，开始作业。盲板法兰上部螺栓卸下后，程某站在脚手架上用撬棍撬法兰，刘某站在阀门上提8字盲板。9时41分，8字盲板被拆除，此时盲板法兰处有气体逸出。刘某、程某急忙解开安全带，撤离脚手架，程某撤离到平台直梯口处晕倒，刘某撤离到地面不久也晕倒。9时45分左右，刘某被现场人员送往医院抢救。9时50分左右，韩某佩戴空气呼吸器爬到D8201顶层平台，发现程某无明显脉搏和心跳，随即就地对其进行心肺复苏。9时54分左右，罗某佩戴空气呼吸器上到平台，发现8字盲板法兰处泄漏，随后关闭了盲板下游阀门，盲板法兰泄漏停止后，协助韩某继续进行心肺复苏。10时10分，消防队和现场人员将程某从平台上救下，接着被120救护车送往医院抢救。13时40分，程某经医院抢救无效死亡。刘某经抢救后脱离危险。

(1) 直接原因

承包商刘某、程某违章在连续重整装置重整产物分离罐D8201顶部放空

线上进行 8 字盲板掉向作业，高含 H_2S 低压瓦斯反窜，从盲板法兰处泄漏，两名作业人员吸入后中毒，造成程某死亡、刘某重伤。

（2）间接原因

① 违章指挥，违章作业。

一是未办理盲板抽堵作业许可证，承包商负责人违章指挥施工人员进行盲板掉向作业；二是施工人员未按规定要求佩戴空气呼吸器和便携式 H_2S 气体报警仪，违章进行盲板作业。

② 风险识别、作业条件管控存在严重漏洞。

一是车间和承包商均未识别出分离罐 D8201 放空线盲板作业有硫化氢反窜风险，作业前未关闭盲板上下游阀门；二是未对盲板作业进行全过程、不间断视频监控。

③ 施工方案、检修安全管理措施存在漏洞。

一是施工方案中无盲板作业前安全确认程序；二是检修 HSE 措施中，未涉及盲板作业，缺乏对盲板作业风险的认知。

④ 承包商管理存在漏洞。

一是车间未及时发现和纠正承包商违章作业行为；二是安全教育不到位，在厂级及车间级安全试卷中，均未涉及盲板抽堵相关内容。

⑤ 应急装备配备不足，应急处置不当。

一是车间和承包商没有针对 D8201 放空线盲板作业制定专项应急预案；二是救援人员施救不当，到达事故现场后没有先关阀，而是在硫化氢泄漏环境下对中毒人员进行心肺复苏。

（3）事故教训

① 制度执行不严。施工单位现场负责人和作业人员安全意识淡薄，未办理盲板作业审批手续；车间生产操作人员配合施工过程中，未按规定对现场各项安全措施的落实情况进行确认；车间领导在安排装置停工处置任务时，未同时布置安全工作。

② 对承包商施工安全管理重视不够，存在"以包代管"等问题，属地单位、专业安全管理部门、安全监督部门和承包商安全管理责任落实不到位。

③ 停工方案和安全管理措施制定、审核存在漏洞。停工抢修方案中无盲板作业前安全确认程序；安全管理措施缺乏对盲板作业风险的认知；属地单位和专业管理部门对停工抢修方案没有组织认真审查。

④ 高风险作业监管缺失。事故属地单位对高风险作业管控不到位，未认真检查确认安全条件。

二、某航煤加氢装置拆除低压瓦斯线的盲板时发生硫化氢中毒事故

2014年4月6日晚，为保障新建航煤加氢装置烘炉，某公司决定拆除低压瓦斯线上的盲板。7日0时30分，承包商某公司4名员工开始作业。3时48分，由于阀门内漏，盲板拆除后瓦斯泄漏并燃烧。4时40分，扑灭明火后进行抢修，承包商某公司孙某等4人佩戴空气呼吸器在15m高的平台上紧固法兰。因气瓶压力低，孙某等2人到地面更换气瓶。6时10分，孙某重返作业平台时忽然跌倒。由于作业空间有限，营救困难。6时50分，将孙某救下来送医院，经抢救无效死亡。

（1）事故直接原因

由于作业人员空气呼吸器佩戴不规范，面罩与头部不能紧密贴合，含硫化氢的外界空气进入面罩，导致作业人员吸入硫化氢中毒晕倒。在救援过程中，作业人员苏醒，自行将面罩摘除，吸入高浓度硫化氢导致死亡。

（2）事故间接原因

① 风险辨识不到位。在抽盲板作业前，没有考虑蝶阀的单向密封性，以及实际工况与设计工况的差异，未能辨识出可能存在的火灾、爆炸、硫化氢中毒的风险。

② 安全培训不到位。承包商公司作业人员空气呼吸器佩戴不规范，不同程度地存在面罩不严的情况。

③ 作业许可证管理不严。西区储运车间开具的《生产过程中危险作业许可证》未经审批，擅自安排施工作业，未辨识出该项作业属重大危险作业。

④ 制度执行不严。安排拆卸低压瓦斯线盲板作业时，没有按照相关制度的要求，制定施工方案，落实安全措施。

⑤ 应急救援不力。从人员中毒晕倒直到救离事故现场，整个处置过程中，未给受害人重新佩戴呼吸器以隔离有毒有害环境。

事故充分暴露出有关管理人员安全意识淡薄，盲目抢工期。如此高风险的作业竟然安排在夜间作业。在已经着火，出现险情的情况下，仍然没有引起重视、警觉，继续冒险作业，置安全于脑后。

第五章 硫化氢的腐蚀与防护

第一节 硫化氢腐蚀发生的条件

从影响油气田开发和石油加工企业正常生产的危害分析得知，硫化氢对金属材料的腐蚀是主要的危害。硫化氢对金属材料的腐蚀属于电化学腐蚀的范畴，而其主要的表现形式就是应力腐蚀开裂（SCC，简称应力腐蚀），它是在拉应力和特定的腐蚀介质共同作用下发生的金属材料的破断现象，它的发生一般认为需同时具备三个基本条件：

1. 一定的拉应力

一般情况下，产生应力腐蚀的系统中存在一个临界拉应力值，它低于材料的屈服点，可以是外加应力也可以是内应力。

2. 敏感材料

纯金属一般不发生应力腐蚀，合金或含有杂质的金属才易发生应力腐蚀，即不同的材料对应力腐蚀的敏感程度不同，较为敏感的材料有不锈钢、高强钢、铜、铝、钛合金等。材料的强度水平或者说热处理及做冷作硬化等对应力腐蚀敏感程度的影响很大，通常情况下，材料的强度水平越高，越易发生应力腐蚀。

3. 特定环境

某种材料只有在特定的腐蚀介质中才会发生应力腐蚀，腐蚀介质中的杂质对应力腐蚀的发生有很大的影响。

在 250℃ 以下，干燥的硫化氢几乎无腐蚀。在湿硫化氢环境中具有腐蚀性。H_2S 在水中的溶解度很大，硫化氢在水中的溶解度随着温度升高而降低。如在 1 大气压下，30℃ 水溶液中 H_2S 饱和浓度大约是 300mg/L，溶液的 pH 值大约是 4，形成弱酸性水溶液环境。

美国腐蚀工程师协会（NACE）的 MR 0175—97《油田设备抗硫化物应力开

裂金属材料》标准中，对湿硫化氢环境作了如下规定：

① 酸性气体系统，气体总压≥0.4MPa，并且硫化氢分压≥0.0003MPa。

② 酸性多相系统，当处理的原油中有两相或三相介质时，条件可放宽为：气体总压≥1.8MPa，并且硫化氢分压≥0.0003MPa；气相总压≤1.8MPa，且硫化氢分压≥0.07MPa；或气相硫化氢的体积分数超过15%。

我国关于湿硫化氢环境的定义是：在同时存在水和硫化氢的环境中，当硫化氢的分压大于或等于0.00035MPa时，或在同时存在水和硫化氢的液化石油气中，当液相硫化氢的体积分数大于或等于10×10^{-6}时，则称为湿硫化氢环境。此规定与NACE的规定基本相同，补充说明了常温下当硫化氢分压在0.00035MPa时，硫化氢在水中的溶解度约为10×10^{-6}，液相硫化氢的体积分数为10×10^{-6}。

我国石油化工系统中所用的管线钢材多为敏感材料，在湿硫化氢环境出现应力腐蚀的问题广泛存在。

第二节　硫化氢对材料的危害

生产工艺过程中硫化氢的存在不仅对人的生命健康造成威胁，而且在一定的条件下对金属、非金属材料也具有强烈的腐蚀性和破坏作用，对石油、石化工业的设备设施、工艺管材、工具的安全运转存在很大的潜在危险，也可能由此引发其他次生事故或灾害。因此，掌握硫化氢的腐蚀特征及影响因素是十分必要的。

一、硫化氢对金属材料的腐蚀

在常温常压下，干燥的硫化氢对金属材料无腐蚀破坏作用，但是硫化氢易溶于水而形成湿硫化氢环境，金属材料在湿硫化氢环境中易引发腐蚀破坏。

硫化氢腐蚀是指一定浓度的硫化氢在湿硫化氢环境产生的腐蚀。硫化氢对金属材料的腐蚀形式有外表面的电化学失重腐蚀、内部的氢致损伤两种类型(细分为：硫化氢应力腐蚀开裂、氢致开裂、应力导向氢致开裂和氢鼓泡)。电化学腐蚀可造成管壁减薄或局部点蚀穿孔，腐蚀过程中产生的氢原子被钢铁吸收后，在管材冶金缺陷区富集，可能导致钢材脆化，萌生裂纹，导致开裂。国内外开发含硫化氢的酸性油气田的管道和设备曾多次出现突发性的撕裂或脆断、焊接区开裂等事故，多是因为氢致开裂(HIC)和硫化物应力腐蚀开裂(SSC)引起。

如四川石油局在双龙构造上所钻的双11井、双9井,天然气含硫化氢浓度分别为4890mg/m³和5410mg/m³,两井均在发生井喷的处理过程中,钻具氢脆断裂,无法压井,而被迫完钻。2003年,河南油田70119井队在T708井的试采中发生氢脆断裂。该井设计井深5600m。完井后试采一周,开始起钻具,起了约500m突然发生氢脆断裂,钻具断为好几节掉入井内。事后测得井口硫化氢浓度为1000ppm左右,距离井口周围方圆50m左右,测得硫化氢浓度为500~600ppm。最后不得不采取封井措施,放弃该井,造成两千多万元的经济损失。2011年11月松原石化位于气体分馏装置冷换框架一层平台最北侧的脱乙烷塔顶回流罐,突然发生爆炸,罐体西侧封头母材在焊缝附近不规则断裂,导致封头85%的部分从安装地点沿西北方向飞出190m。罐内介质(乙烷与丙烷的液态混合物)四处喷溅、汽化,并在空气中扩散、弥漫,与空气中的氧气充分混合达到爆炸极限,间隔12s后,遇明火发生闪爆。事故调查综合分析,造成的事故直接原因是硫化氢应力腐蚀导致回流罐筒体封头产生微裂纹并不断扩展,发生物理爆炸而破裂引起的。

二、硫化氢对非金属材料的破坏

在石油钻采地面设备、井口装置、井下工具中有橡胶、浸油石墨、石棉等非金属材料制作的密封件,它们在含硫化氢环境中使用后,硫化氢会加速非金属材料的老化,如橡胶会产生鼓泡胀大,失去弹性;浸油石墨及石棉绳上的油被溶解而导致密封件的失效等。

硫化氢主要污染水基钻(压)井液,硫化氢能使水基钻(压)井液的密度、pH值下降、黏度上升,从而形成流不动的冻胶,使钻井液失去流动性能,同时使钻(压)井液颜色变深,变成瓦灰色、墨色或墨绿色等。

第三节　硫化氢腐蚀机理

硫化氢腐蚀主要有电化学失重腐蚀和氢损伤两种类型。以下介绍金属材料在湿硫化氢环境中引发腐蚀破坏的机理。

一、电化学反应与失重腐蚀机理

电化学失重腐蚀是指金属和硫化氢水溶液接触发生电化学反应。腐蚀过程中，金属与介质之间有电子传输。

在湿硫化氢环境中，硫化氢会发生电离，使水具有酸性，硫化氢在水中的离解反应式为：

$$H_2S \rule[0.5ex]{2em}{0.4pt} H^+ + HS^-$$
$$HS^- \rule[0.5ex]{2em}{0.4pt} H^+ + S^{2-}$$

在 H_2S 溶液中，含有 H^+、HS^-、S^{2-} 和 H_2S 分子，它们对金属的腐蚀是氢去极化作用过程，湿硫化氢环境中电化学腐蚀阴、阳极过程如下：

阳极：$Fe - 2e \longrightarrow Fe^{2+}$

阴极：$2H^+ + 2e \longrightarrow H_{ad} + H_{ad} \longrightarrow 2H \longrightarrow H_2 \uparrow$
$$\downarrow$$
$$[H] \longrightarrow 钢中扩散$$

式中　H_{ad}——钢表面吸附的氢原子；

　　　$[H]$—　钢中的扩散氢。

钢在湿硫化氢环境中电离出的 H^+ 是强去极化剂，极易夺取金属的电子，促进阳极钢铁的溶解从而导致钢铁的腐蚀。Fe^{2+} 进一步与 H_2S 反应，阳极反应的产物为：

$$Fe^{2+} + S^{2-} \longrightarrow FeS \downarrow$$

因此钢材受到硫化氢腐蚀以后，阳极的最终产物就是硫化亚铁，这种腐蚀性的产物通常是一种有缺陷的结构，不能阻止氢离子通过。它与钢铁表面的黏结力差，易脱落，易氧化，且电位较正，于是作为阴极与钢铁阳极基体构成一个活性的微电池，因而对钢基体继续加速了电化学腐蚀。这种腐蚀往往呈现出很深的局部溃疡状腐蚀，使金属表面形成蚀坑、斑点和大面积腐蚀，导致管材或设备壁厚减薄、穿孔，甚至造成破裂。一般来说电化学失重腐蚀速率比氢损伤要小一些。现场油管受硫化氢电化学腐蚀情况如图5-1所示。

图5-1　油管接箍发生电化学腐蚀的蜂窝状形貌

二、氢损伤机理

硫化氢水溶液对钢材发生电化学腐蚀的另一产物就是氢。一般认为，反应产物氢有两种去向：一个是氢原子之间有较大的亲和力，易相互结合形成氢分子而从材料中排出；另一个去向就是原子半径极小的氢原子获得足够的能量后变成扩散氢[H]而渗入钢的内部并溶入晶格中。固溶于晶格中的氢有很强的游离性，在一定条件下将导致材料的脆化（氢脆）和损伤。

目前，较公认的氢脆机理是氢压理论。这一理论认为，在夹杂物、晶界等处形成的氢气团可产生一个很大的内应力，在强度较高的材料内部产生微裂纹。由于氢原子在应力梯度的驱使下，向微裂纹尖端的三向拉应力区集中，使得晶体点阵中的位错被氢原子"钉扎"，导致钢的塑性降低。当内压所致的拉应力和裂纹尖端的氢浓度达到某一临界值时，微裂纹扩展，在扩展后的裂纹尖端某处氢再次聚集，裂纹再次扩展，这样最终会导致材料破断。

湿硫化氢环境除了可以造成石油、石化装备的均匀腐蚀外，更重要的是引起一系列与钢材渗氢有关的腐蚀开裂。一般认为，湿硫化氢环境中的开裂有氢鼓泡、氢致开裂、硫化物应力腐蚀开裂、应力导向氢致开裂四种形式的氢损伤。它是造成油气田及石化设备众多事故的重要破坏形式之一，且发生的事故往往是突然的、灾难性的，发生之前无明显的先兆，比较难以提前预防。图 5-2 为酸性环境下氢损伤的几种典型形态。

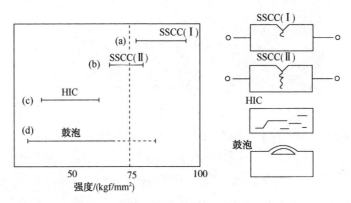

图 5-2　酸性环境中氢损伤的几种典型形态

1. 氢鼓泡(Hydrogen Blistering, HB)

腐蚀过程中析出的氢原子向钢中扩散，在钢材的非金属夹杂物、分层和其他不连续处易聚集形成分子氢，由于氢分子较大难以从钢的组织内部逸出，从而形成巨大内压导致其周围组织屈服，形成表面层下的平面孔穴结构，称为氢鼓泡，其分布平行于钢板表面。它的发生无需外加应力，与材料中的夹杂物等缺陷密切相关。在硫化氢环境中的氢鼓泡如图5-3、图5-4所示。

图5-3 氢鼓泡

图5-4 20g钢在硫化氢环境下的氢鼓泡

2. 氢致开裂(Hydrogen Induced Cracking, HIC)

在氢气压力的作用下，不同层面上的相邻氢鼓泡裂纹相互连接，形成阶梯状特征的内部裂纹称为氢致开裂，裂纹有时也可扩展到金属表面。氢致开裂的发生也无需外加应力，一般与钢中高密度的大平面夹杂物或合金元素在钢中偏析产生的不规则微观组织有关。酸性环境下的氢致开裂机理如图5-5所示。

油田硫化氢环境中的氢致开裂如图5-6、图5-7所示。

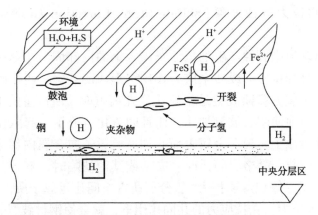

图 5-5　酸性环境下的氢致开裂机理

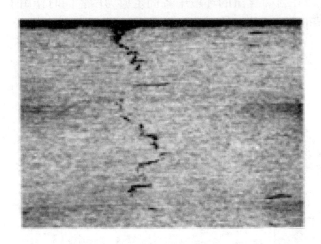

图 5-6　氢致开裂

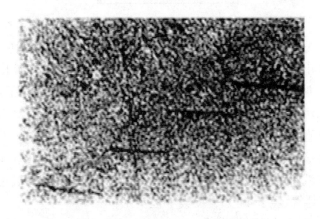

图 5-7　Q175 钢塔盘板的氢致层状开裂

3. 硫化物应力腐蚀开裂(Sulfide Stress Corrosion Cracking，SSCC 或 SCC)

湿硫化氢环境中腐蚀产生的氢原子渗入钢的内部固溶于晶格中，使钢的脆性增加，在外加拉应力或残余应力作用下形成的开裂，叫作硫化物应力腐蚀开裂。硫化氢应力腐蚀破裂是指硫化氢在离解时，所产生的HS^-吸附在金属表面上，不但促使阴极放氢加速，而且同硫化氢分子一起阻止氢原子结合成氢分子，使氢原子积聚在金属表面并加速氢原子向金属内部渗透。当氢原子遇到裂缝、空隙、晶格层间错断、夹杂或其他缺陷时，就会在这些缺陷处结合成为氢分子，体积急速扩大(氢分子所占空间比氢原子所占空间大20多倍)，造成极大压力，在拉应力的共同作用下，就会使钢材破裂。硫化氢应力腐蚀破裂是金属在含硫化氢的环境中各固定应力两者同时作用下产生的破裂，这一过程是不可逆的。其腐蚀开裂机理如图 5-8 所示。

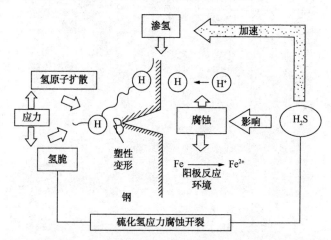

图 5-8　硫化物应力腐蚀开裂机理

硫化物应力腐蚀开裂的特征：在含 H_2S 的酸性油气系统中，硫化物应力腐蚀开裂主要出现于高强度钢、高内应力构件及硬焊缝上。硫化物应力腐蚀开裂是由 H_2S 腐蚀阴极反应所析出的氢原子，在 H_2S 的催化下进入钢中后，在拉伸应力作用下扩散，在冶金缺陷提供的三向拉伸应力区富集，从而导致开裂，开裂垂直于拉伸应力方向。例如，四川某井下入 $7''$(Ni-80)的技术套管，对丝扣连接不放心，在连接处电焊加固，而这口井恰好含 H_2S，因井口压力大，很快就将焊口憋破，井口被抬起，引起爆炸着火，火焰高达 100m，3min 后井架倒塌，烧了 44 天，损失 1 亿多元。

硫化物应力腐蚀开裂的本质：普遍认为硫化物应力腐蚀开裂的本质属氢脆。硫化物应力腐蚀开裂属低应力破裂，发生硫化物应力腐蚀开裂的应力值通常远低于钢材的抗拉强度。硫化物应力腐蚀开裂破坏多为突发性，裂纹产生和扩展非常迅速。对硫化物应力腐蚀开裂敏感的材料在含 H_2S 酸性油气中，经短暂暴露后，就会出现破裂，以数小时到三个月情况为多。硫化物应力腐蚀开裂有如下特点：

（1）破裂断口平整无塑性变形；

（2）在拉应力时才产生，且主裂纹的方向一般总是和拉应力方向垂直；

（3）这种破坏，多发生在设备、工具使用不久后，发生低应力下破裂；

（4）应力腐蚀破裂的破口，多发生在导致应力集中的部位，如伤痕、焊件的焊缝等；

（5）应力腐蚀属于低应力下的破坏，这种断裂多为突然断裂，事先无任何征兆。

需要指出的是，硫化氢应力腐蚀开裂和硫化氢引起的氢脆断裂没有本质的区别，不同的是硫化氢应力腐蚀开裂是从材料表面的局部阳极溶解、位错露头（材料中的位错线与材料表面相交，俗称位错露头）和蚀坑等处起源的，而氢致开裂裂纹往往起源于材料的皮下或内部，且随外加应力增加，裂源位置向表面靠近。对硫化氢应力腐蚀来说，由于表面局部阳极溶解、位错露头和蚀坑处的应力集中，氢原子易于富集，因而导致脆性增大，当氢浓度达到某一临界值时裂纹萌生。裂纹萌生后，裂纹内的局部酸化使裂纹尖端电位变负，氢的去极化腐蚀加剧。裂纹尖端的腐蚀、增氢和应力集中状态使得裂纹快速扩展，直至断裂。

油气田硫化氢环境中硫化物应力腐蚀开裂情况见图5-9。

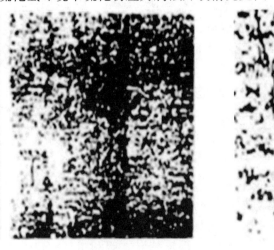

(a)宏观表面　　　　　　　　　　(b)横向微观表面

图5-9　硫化物应力腐蚀开裂

4. 应力导向氢致开裂（Stress Oriented Hydrogen Induced Cracking，SO-HIC，亦称为氢脆）

在应力引导下，夹杂物或缺陷处因氢聚集而形成的小裂纹叠加，沿着垂直于应力的方向（即钢板的壁厚方向）发展导致的开裂称为应力导向氢致开裂，即氢脆。其典型特征是裂纹沿"之"字形扩展（如图5-10所示）。

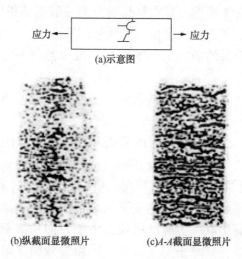

(a)示意图

(b)纵截面显微照片　　(c)A-A截面显微照片

图5-10　应力导向氢致开裂

有人认为，它也是硫化物应力腐蚀开裂的一种特殊形式。应力导向氢致开裂也常发生在焊缝热影响区及其他高应力集中区，与通常所说的硫化物应力腐蚀开裂不同的是它对钢中的夹杂物比较敏感。应力集中常为裂纹状缺陷或应力腐蚀裂纹所引起。据报道，在多个开裂案例中都曾观测到硫化物应力腐蚀开裂应力导向氢致开裂并存的情况。

氢脆是金属在硫化氢作用下，由电化学反应过程中产生的氢渗入金属内部，使材料变脆，但不一定引起破裂。如果脱离腐蚀介质，氢即可从金属内部逸出，金属的韧性会逐渐恢复，这一过程是可逆的。

在含 H_2S 酸性油气田上，氢诱发裂纹常见于具有抗硫化物应力腐蚀开裂性能的、延性较好的低、中强度管线用钢和容器用钢上。应力导向氢致开裂是一组平行于轧制面，沿着轧制向的裂纹，它可以在没有外加拉伸应力的情况下出现，也不受钢级的影响。应力导向氢致开裂在钢内可以是单个直裂纹，也可以是阶梯状裂纹。应力导向氢致开裂极易起源于呈梭形、两端尖锐的MnS夹杂，并沿着碳、锰和磷元素偏析的异常组织扩展，也可产生于带状珠光体，沿带状珠光体和铁素体间的相界扩展。

以上四种氢损伤形式中，硫化物应力腐蚀开裂和应力导向氢致开裂是最具危害性的开裂形式。

应力腐蚀开裂是环境引起的一种常见的失效形式。美国杜邦化学公司曾分析在四年中发生的金属管道和设备的 685 例破坏事故，有近 60%是由于腐蚀引起，而在腐蚀造成的破坏中，应力腐蚀开裂占 13.7%。根据各国大量的统计，在不锈钢的湿态腐蚀破坏事故中，应力腐蚀开裂甚至高达 60%，居各类腐蚀破坏事故之冠。应力腐蚀开裂的频繁发生及其造成的巨大危害，引起了人们的关注。

几种常见的应力腐蚀开裂如图 5-11、图 5-12、图 5-13 所示。

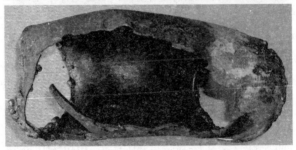

图 5-11　蜡油加氢精制装置某出口管弯头硫化氢应力腐蚀开裂照片

图 5-12　使用 14 年后弯头的壁厚减薄照片

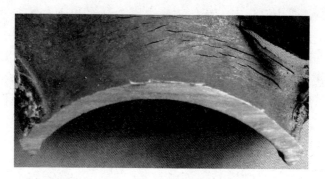

图 5-13　内壁应力腐蚀开裂裂纹形貌照片

第四节　硫化氢腐蚀的影响因素

一、材料因素的影响

在油气田开发过程中钻柱可能发生的腐蚀类型中，以硫化氢腐蚀时材料因素的影响作用最为显著。材料因素中影响钢材抗硫化氢应力腐蚀性能的主要有材料的显微组织、强度和硬度、合金元素、冷加工等。

1. 显微组织

在湿硫化氢环境中，高强度钢中对抗硫化氢应力腐蚀开裂和氢损伤起重要作用的是显微组织。马氏体(强度高)对硫化氢应力腐蚀开裂和氢致开裂非常敏感，但在其含量较少时，敏感性相对较小，随着含量的增多，敏感性增大，严重时即使加上百分之几屈服强度的应力，也可发生断裂。

2. 强度和硬度

通过对许多油气田开发过程中硫化物应力腐蚀开裂和氢致开裂事故的分析发现，随着钻柱强度升高，断裂的敏感性变大。图 5-14 是在 35℃ 的 0.5% 醋酸饱和硫化氢溶液中测得的材料屈服强度与硫化氢应力腐蚀开裂临界应力之间的关系。试验结果表明，随着屈服强度的升高，临界应力和屈服强度的比值下降，即应力腐蚀敏感性增加。在屈服强度超过 600MPa 后，即已变得很敏感。到 700MPa 时，临界应力只有屈服强度的 20%~40%。

与强度有密切关系的是硬度，在给定条件下，硬度低于某值时不发生断裂。现场破坏事故分析表明，材料硬度的提高，对硫化物应力腐蚀的敏感性提高，材料的断裂大多出现在硬度大于 HRC22(相当于 HB200)的情况下，因

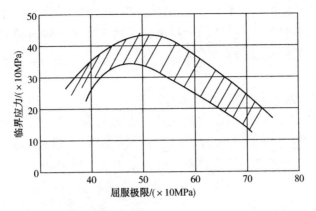

图 5-14 钢材屈服强度与临界应力之间的关系

此，通常 HRC22 可作为判断钻柱材料是否适合于含硫油气井钻探的标准。

目前屈服强度在 700MPa 以下的钢已不能满足油气开采及加工工业的要求，这就要求必须对钢材进行热处理强化。但是对钢进行热处理通常会遇到工艺上的困难，例如缺少所需尺寸的炉子、焊接管道和其他构件时，会破坏热处理后得到的组织。此外，通过热处理提高强度在大多数情况下将导致金属应力腐蚀破裂稳定性的降低。基于上述情况，对钢进行合理的合金化是提高钢材性能的途径之一。

3. 合金元素及热处理

在大多数研究工作中，合金元素的作用都是从其对显微组织形成过程的影响的观点来研究的。因此有必要同时研究合金元素及热处理对组织形成的影响。

（1）碳（C）

碳元素是决定结构钢使用性能的主要元素之一。理论上，增加钢中碳的含量，会提高钢在硫化物中的应力腐蚀破裂的敏感性。

钢中含有粗大球状碳化物或片状碳化物组织时，其在硫化氢介质中发生应力腐蚀开裂的敏感性介于淬火并完全回火的钢组织与含有未回火马氏体的组织之间，Snape 推荐采用两次回火或者降低含碳量的方法，从而降低回火温度以得到所需的强度。

（2）镍（Ni）

提高低合金钢的镍含量，会降低合金钢在含硫化氢溶液中对应力腐蚀开裂的抵抗力。虽然在钢的显微组织相同的情况下，镍并不比其他元素有更明显的影响，但随着镍含量的增加，可能形成马氏体相，这是非常危险的。所以即使其硬度 HRC≤22 时，镍在钢中的含量也不应该超过 1%。含镍钢之所以有较大的应力腐蚀开裂倾向，是因为镍对阴极过程的进行有较大的影响。在含镍钢中可以观察到最低的阴极过电位，其结果是钢对氢的吸留作用加强，导致金属应力腐蚀开裂的倾向性提高。

（3）铬（Cr）

一般认为在含硫化氢溶液中使用的钢，含铬 0.5%～13%是完全可行的，因为它们在热处理后可得到稳定的组织。不论铬含量如何，被试验钢的稳定性未发现有差异。也有的文献作者认为，含铬量高时是有利的，认为铬的存在使钢容易钝化。但应当指出的是，这种效果只有在铬的含量大于11%时才能出现。

（4）钼（Mo）

关于钼对钢在硫化氢溶液中腐蚀开裂敏感性的影响，在不同文献中看法不一致，而且关于这一问题的文献也很有限，不过有一点取得了较多人的共识，那就是在钼含量≤3%时，对钢在硫化氢介质中的承载能力的影响不大。

（5）钛（Ti）

钛对低合金钢应力腐蚀开裂敏感性的影响也类似于它对钢的影响。试验证明，在硫化氢介质中，含碳量低的钢（0.04%）加入钛（0.09%），对其稳定性有一定的改善作用。

（6）锰（Mn）

锰是一种易偏析的元素，当偏析区锰、碳含量一旦达到一定比例时，在钢材生产和设备焊接过程中，产生出马氏体/贝氏体高强度、低韧性的显微组织，表现出很高的硬度，对设备抗硫化氢应力腐蚀开裂是不利的。对于碳钢一般限制锰含量小于1.6%。少量的锰能将硫变为硫化物并以硫化物形式排出，同时钢在脱氧时，使用少量的锰后，也会形成良好的脱氧组织而起积极作用。在石油工业中制造油管和套管大都采用含锰量较高的钢，如我国的36Mn2Si 钢。

（7）铜（Cu）

钢用铜进行合金化时，所有的试验用合金试样不论铜的含量多少及进行何种形式的热处理，在硫化氢介质中均发生断裂。应该指出的是，含铜的合金钢在腐蚀介质中具有良好的耐均匀腐蚀性能。因此在研制耐含硫化氢介质腐蚀，而没有应力腐蚀开裂危险的钢时，用铜进行合金化的方案是可以考虑的。

（8）硫（S）

硫对钢的应力腐蚀开裂稳定性是有害的。随着硫含量的增加，钢的稳定性急剧恶化，主要原因是硫化物夹杂是氢的积聚点，使金属形成有缺陷的组织。同时硫也是吸附氢的促进剂。因此，非金属夹杂物尤其是硫化物含量的降低、分散化以及球化均可以提高钢(特别是高强度钢)在引起金属增氢介质中的稳定性。

(9) 磷(P)

除了形成可引起钢红脸(热脆)和塑性降低的易熔共晶夹杂物外，还对氢原子重新组合过程($H_{ad}+H_{ad} \longrightarrow H_2 \uparrow$)起抑制作用，使金属增氢效果增加，从而也就会降低钢在酸性的、含硫化氢介质中的稳定性。

有害元素：Ni、Mn、S、P；有利元素：Cr、Ti 等。

4. 冷加工

经冷轧制、冷锻、冷弯或其他制造工艺以及机械咬伤等产生的冷变形，不仅使冷变形区的硬度增大，而且还产生一个很大的残余应力，有时可高达钢材的屈服强度，从而导致对硫化物应力腐蚀开裂敏感。一般说来钢材随着冷加工量的增加，硬度增大，硫化物应力腐蚀开裂的敏感性增强。

二、环境因素的影响

1. 硫化氢浓度

溶液中硫化氢的体积分数对硫化物应力腐蚀的影响见图5-15。

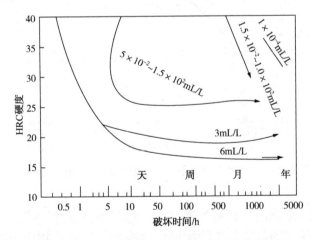

图5-15　碳钢在不同浓度硫化氢溶液中的破坏时间

由图中可以看出，碳钢在硫化氢体积分数小于 5×10^{-2} mL/L 时破坏时间较长。NACE MRQ 175—88 标准认为发生硫化氢应力腐蚀的极限分压为 0.34×10^{-3} MPa(水溶液中 H_2S 浓度约 20mg/L)，低于此分压不发生硫化氢应力腐蚀开裂。但是对于高强度钢即使在溶液中硫化氢浓度很低(体积分数为 1×10^{-3} mL/L)的情况下仍能引起破坏，硫化氢体积分数为 $5 \times 10^{-2} \sim 6 \times 10^{-1}$ mL/L

时，能在很短的时间内引起高强度钢的硫化物应力腐蚀破坏，不过这时硫化氢的浓度对高强度钢的破坏时间已经没有明显的影响了。硫化物应力腐蚀的下限浓度值与使用材料的强度(硬度)有关。

2. pH 值

pH 值对硫化物应力腐蚀的影响如图 5-16 所示。图中全部应力腐蚀试样硬度为 HRC33±1，拉伸载荷为材料屈服强度的 115%。从图中可以看出，在 pH≤6 时，硫化物应力腐蚀很严重；在 6<pH≤9 时，硫化物应力腐蚀敏感性开始显著下降，但达到断裂所需的时间仍然很短；pH>9 时，就很少发生硫化物应力腐蚀破坏。pH 值与硫类型和浓度密切相关，而不同的硫类型可腐蚀形成不同的硫化铁腐蚀产物。在 pH 值为酸性时，主要类型为 H_2S，生成的是以含硫量不足的硫化铁(如 Fe_9S_8)为主的无保护性的产物膜，从而加剧钢材的腐蚀；当 pH 值为碱性时，S^{2-} 为主要成分，生成的是以 FeS_2 为主的具有一定保护效果的膜；HS^- 是 pH 值为中性时的主要成分。在 H_2S 溶液中，不同离子对渗氢作用的次序为：$H_2S>HS^->S^{2-}$。

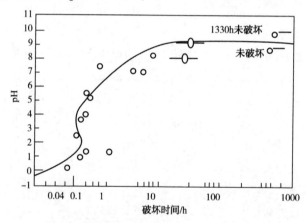

图 5-16　含硫化氢溶液中钢的破坏时间与 pH 值之间的关系

3. 温度

在一定温度范围内，介质温度升高，均匀腐蚀速率升高，氢鼓泡、氢致开裂、和应力导向的氢致开裂的敏感性也增加，但硫化物应力腐蚀破裂的敏感性下降。硫化物应力腐蚀破裂发生在常温下的概率最大，而在 65℃ 以上则较少发生。温度对硫化物应力腐蚀的影响示于图 5-17，从图中可以看出，在 22℃ 左右硫化物应力腐蚀敏感性最大。温度大于 22℃ 后，温度升高硫化物应力腐蚀的敏感性明显降低。有资料表明，某钢材不发生断裂的最高硬度值可以从 24℃ 的 HRC15 增加到 93℃ 时的 HRC35。

对钻柱来说，由于井底钻井液的温度较高，因而发生电化学失重腐蚀严重；而上部温度较低，加上钻柱上部承受的拉应力最大，故而钻柱上部容易发生硫化物应力腐蚀开裂。

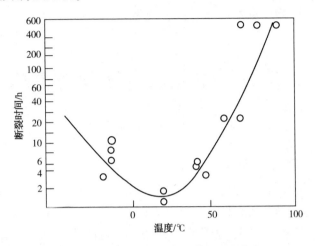

图 5-17　温度对硫化物应力腐蚀的影响

4. 流速

流体在某特定的流速下，碳钢和低合金钢在含 H_2S 流体中的腐蚀速率，通常是随着时间的增长而逐渐下降，平衡后的腐蚀速率均很低。如果流体流速较高或处于湍流状态时，由于钢铁表面上的硫化铁腐蚀产物膜受到流体的冲刷而被破坏或黏附不牢固，钢铁将一直以初始的高速腐蚀，从而使设备、管线、构件很快受到腐蚀破坏。因此，要控制流速的上限以把冲刷腐蚀降到最小。通常规定阀门的气体流速低于 15m/s。相反，如果气体流速太低，可造成管线、设备低部集液，而发生因水线腐蚀(在水的表面附近，因为氧的扩散途径短，所以氧的浓度大；而在水的内部，氧的扩散途径长，氧的浓度低。由于氧浓度差而形成的腐蚀)、垢下腐蚀(金属表面结有水垢或有沉积水渣时，在水垢或水渣下形成的腐蚀称为垢下腐蚀)等导致的局部腐蚀破坏。因此，通常规定气体的流速应大于 3m/s。

5. 氯离子

在酸性油气田水中，带负电荷的氯离子基于电价平衡，它总是争先吸附到钢铁的表面，因此氯离子的存在往往会阻碍保护性的硫化铁膜在钢铁表面的形成。氯离子可以通过钢铁表面硫化铁膜的细孔和缺陷渗入其膜内，使膜发生显微开裂，于是形成孔蚀核。由于氯离子的不断移入，在电化学腐蚀的作用下，加速了孔蚀破坏。由于氯离子的作用，在酸性天然气气井中与矿化水接触的油套管腐蚀严重，穿孔速率快。

6. 管材暴露时间

在硫化氢溶液中，碳钢初始腐蚀速率约为 0.7mm/a，随着时间的延长腐蚀速率逐渐下降，2000h 后趋于平衡，约为 0.01mm/a。

第五节　硫化氢腐蚀预防措施

一、防腐设计

1. 腐蚀裕量的选择

对于含硫油气田的蓄槽、容器、管道等允许有一定腐蚀速度的设备，在计算材质的腐蚀率时，在壁厚上加腐蚀裕量，是防止设备因腐蚀造成破坏所采取的一项措施。但是对精度要求很高的设备或结构，或因局部腐蚀或伴随腐蚀的发生能够引起材料表面状态随之变化，从而产生材料强度降低的设备或结构，不能用腐蚀裕量这种方法来防腐。

2. 安全系数

不同的介质，对设备和容器的安全系数及允用应力的要求也有所不同。用于含硫油气田的油管、套管、钻杆、集输管道，在强度设计时，应控制所受最大拉应力小于钢材本身屈服强度的 50%～60%。

3. 防腐结构的一般要求

防腐结构的一般要求是形状要简单，因为复杂结构的拐弯、死角、边缘及内表面等，很难进行表面处理和采取防腐措施，同时复杂结构具有较大的表面积，更易受到介质的腐蚀。特别在框架结构中最好用管状材料代替通常用的 L、T、U 形材料。在结构中尽量避免缝隙，如果已有缝隙，应用防锈密封剂(红铝油灰、锌铬油灰)填死，或采用无缝焊接。

4. 避免异种金属接触腐蚀

(1) 结构设计尽量避免使用异种金属组合。

(2) 如果必须采用异种金属组合时，应尽量使用电位接近的金属，避免出现电偶腐蚀。

(3) 异种金属间采用绝缘垫片、绝缘套管、涂层。在异种金属接触面上采用阳极性涂层防止电偶腐蚀。

(4) 采用电位过渡接头，接头的金属电位应在被连接的两种金属的电位之间，既可减小电偶腐蚀，同时也便于更换。

二、抗硫化氢材料的选择

在可能遭受硫化氢侵蚀条件下作业时，钻柱应选用抗硫化氢材料，并且采用合理的结构和制造工艺。否则，一旦出现硫化氢应力腐蚀断裂，将蒙受巨大损失。

所谓抗硫化氢材料主要是指对硫化氢应力腐蚀开裂和氢损伤有一定抗力或对这种开裂不敏感的材料。选择抗硫材质，应严格遵循相关含硫化氢油气生产和天然气处理装置作业安全技术规程，选材应遵循以下原则：

1. 满足安全可靠性原则

一般情况下，应以管道正常操作条件下原料气中的含硫量和 pH 值为设计选材的依据，并考虑最苛刻操作条件下可能达到的最大含硫量与最高酸值组合时对管道造成的腐蚀。从安全可靠性方面选择合适的材料。

对于均匀腐蚀环境，应尽可能避免管道组件壁厚急剧减薄的"材料-介质环境组合"的出现，所选材料的均匀腐蚀速率不应大于 0.255mm/a，并且应该避免严重局部腐蚀的"材料-介质环境组合"的出现。当选取同样操作条件下的各管道组成件时，应选取相同或性能相当的材料。与主管相接的分支管道、吹扫管道等的第一道阀门及阀前管道，均应选取与主管相同或性能相当的材料，并取相同的腐蚀裕量。

2. 满足经济性原则

设计选材时，应综合考虑管道组件的使用寿命、成本及施工和正常的维护保养等费用，使综合经济指标合理，一般情况下，应优先选用标准化、系列化的材料。对于均匀腐蚀环境，如果选用低等级材料将产生较大的腐蚀速率而选用高等级材料时，可通过综合经济评价加以确定。

3. 考虑管道结构可能带来的影响

应充分考虑介质在管道中的流速、流态、相变等因素对材料腐蚀的影响，当可预见能发生严重的冲刷腐蚀时，应采取加大流通面积、降低流速、局部材料升级等有效的措施。

对于直接焊接的管道组件，应避免采用异种钢，尤其在可能引起严重电偶腐蚀的环境下，不应选用异种钢。

4. 设计选材应与管道元件的制造和供应相结合

设计选材时，应充分考虑市场的供应情况，尤其是管道组成件的配套供应情况。

对于新材料、新产品的使用，应在充分了解其使用性能、可靠性、焊接施工性能以及相关管道组成件的配套供应、成本等方面的基础上确定。原则上新材料、新产品，应该经具有相应资质的机构进行鉴定，并有成功的工业应用经历。

5. 设计选材应与管道组成件的施工相结合

设计选材应考虑管道组成件施工的可行性，对于需要焊后热处理的管道，应考虑热处理对管道组成件的性能影响。

6. 其他因素

尽管选取适当的材料能降低和减少管道系统的腐蚀破坏风险，但对于整个管道系统的安全不能仅依靠选材来降低风险，合理的工艺配管方案、有效的缓蚀剂加注、灵敏的腐蚀监测系统、完善的系统维护和良好的施工等诸多因素综合配套实施，才能最大限度地降低风险。油气田常用的抗硫化氢应力腐蚀开裂钢材应符合 GB/T 37701—2019《石油天然气工业用内覆或衬里耐腐蚀合金复合钢管》、GB/T 20972.1—2007《石油天然气工业 油气开采中用于含硫化氢环境的材料 第 1 部分：选择抗裂纹材料的一般原则 》、GB/T 20972.2—2008《石油天然气工业 油气开采中用于含硫化氢环境的材料 第 2 部分：抗开裂碳钢、低合金钢和铸铁》、GB/T 20972.3—2008《石油天然气工业 油气开采中用于含硫化氢环境的材料 第 3 部分：抗开裂耐蚀合金和其他合金》的相关要求。

三、添加缓蚀剂

实践证明合理添加缓蚀剂是防止含 H_2S 酸性油气对碳钢和低合金钢设施腐蚀的一种有效方法。缓蚀剂对应用条件的选择性要求很高，针对性很强。不同介质或材料往往要求的缓蚀剂也不同，甚至同一种介质，当操作条件（如温度、压力、浓度、流速等）改变时，所采用的缓蚀剂可能也需要改变。

用于含 H_2S 酸性环境中的缓蚀剂可以分为有机化合物缓蚀剂和无机化合物缓蚀剂两大类。

1. 有机化合物缓蚀剂

有机化合物缓蚀剂其缓蚀作用原理大多是经物理吸附（静电引力等）和化学吸附（氮、氟、磷、硫的非共价电子对）覆盖在金属表面而对金属起到保护作用（不含化学变化）。当有机化合物缓蚀剂以其极性基附于金属表面，其碳氢链非极性基部分则在金属表面形成屏蔽层（膜），从而起到抑制金属腐蚀的作用。此外，有的缓蚀剂与金属阳离子生成不溶性物质或稳定的络合物，在金属表面形成沉淀性保护膜，起到抑制金属腐蚀的作用。

通常为含氧的有机缓蚀剂（成膜型缓蚀剂），有胺类、米唑啉、酰胺类和季铵盐，也包括含硫、磷的化合物。如四川石油管理局天然气研究所研制的

CT2-1 和 CT2-4 油气井缓蚀剂及 CT2-2 输送管道缓蚀剂，在四川及其他含硫化氢油气田上应用均取得良好的效果。

2. 无机化合物缓蚀剂

无机化合物缓蚀剂其缓蚀作用原理是使金属表面氧化而生成钝化膜，或改变金属腐蚀电位，使电位向更高的方向移动来达到抑制金属腐蚀的目的，这类缓蚀又称为钝化剂或阳性缓蚀剂。

还有些无机化合物缓蚀剂，在腐蚀过程中抑制阴极反应而使缓蚀减缓，通过生成沉淀膜，对金属起保护作用，如磷酸钙抑制阴极反应，特别是遇到 Ca^{2+} 生成胶体磷酸钙，在阴极面上形成保护膜。

四、添加除硫剂

大多数除硫剂都是通过吸附或离子反应沉淀方式起作用。分为表面吸附和离子反应沉淀式，需了解除硫剂的特点，以有利于除硫剂充分发挥作用。除硫剂主要有铜、锌和铁的金属化合物。目前，现场最常用的除硫剂有微孔碱式碳酸锌和氧化铁(海绵铁)。

1. 碳酸铜

铜化合物中碳酸铜的除硫效果最好。铜离子和亚铜离子与二价硫化物离子反应生成惰性硫化铜和硫化亚铜沉淀，从而除去天然气中的硫化氢。

2. 微孔碱式碳酸锌

碳酸锌作为除硫剂能避免碳酸铜带来的双金属腐蚀问题，但是碳酸锌和硫化氢的反应受 pH 值的影响。如果 pH 值降低，则硫化氢可能再生，所以碳酸锌作为除硫剂已被微孔碱式碳酸锌所取代。微孔碱式碳酸锌是一种白色、无毒、无臭的粉末状物质，它与硫化物反应生成不溶于水的硫化锌沉淀。当 pH 值在 9~11 时，除硫效果最好。

另外，可形成溶液的锌有机螯合物也是一种除硫剂，较之碱式碳酸锌，其分散得更均匀。锌有机螯合物的含锌量为 20%~25%(质量)，中和 1kg 的硫化氢需 10kg 以上的锌有机螯合物。

3. 氧化铁(海绵铁)

海绵铁是一种人工合成的氧化铁，其分子式为 Fe_3O_4，与硫化氢反应不受时间(反应瞬时完成)或温度的限制。海绵铁具有海绵的多孔结构，每克海绵铁具有约 $10m^3$ 的表面，其吸附能力强。与硫化氢反应生成性能较稳定的 FeS_2(黄铁矿)，且不会使钻井液性能恶化。

海绵铁的密度与重晶石一样，其粒度范围在 1.5~50μm 之间，其球状粒度均匀，产生的磨损较小。它的磁饱和度高，剩磁少，不被钻杆和套管吸附，因而还可替代重晶石起加重作用。

目前，国外除硫剂的开发方向为水溶性的锌有机化合物，其在使用时可配成溶液，比粉末状的碱式碳酸盐容易分配均匀。

五、控制溶液 pH 值

提高溶液 pH 值降低溶液中 H^+ 含量可提高钢材对硫化氢的耐蚀能力，维持 pH 值在 9~11 之间，这样不仅可有效预防硫化氢腐蚀，同时又可提高钢材疲劳寿命。

六、涂层防腐设计

防止埋地管道腐蚀的第一道防线是涂层，如果涂层的质量可靠，没有施工缺陷或缺陷很少，管道会受到很好的保护。正确涂敷的涂层应该为埋地构件提供 99% 的保护需要，而余下的 1% 才由阴极保护提供。

但涂层作用的发挥受诸多因素影响，比如涂层材料的耐电性、抗老化及耐久性、抗根茎穿透能力、抗土壤应力、温度影响、湿度、应力等。实践证明有严重外腐蚀的地方，首先是涂层被破坏失去保护作用，其次是涂层屏蔽CP 电流不能给予管道有效的保护，形成局部阳极造成坑腐蚀。

七、阴极保护

阴极保护作为防腐层保护的一种必不可少的补充手段，它的原理就是使被保护的金属阴极化，以减少和阻止金属腐蚀。阴极保护，其操作简便、投资少、维护费用低、保护效果好，其投资一般占管道总投资的 1% 左右。

阴极保护技术有两种：牺牲阳极阴极保护和强制电流（外加电流阴极保护）。

1. 牺牲阳极阴极保护技术

牺牲阳极阴极保护技术是用一种电位比所要保护的金属还要负的金属或合金与被保护的金属电性连接在一起，依靠电位比较负的金属不断地腐蚀溶解所产生的电流来保护其他金属。

2. 强制电流阴极保护技术

强制电流阴极保护技术是在回路中串入一个直流电源。借助辅助阳极，将直流电通向被保护的金属，进而使被保护金属变成阴极，实施保护。

八、外置腐蚀监测

外置腐蚀监测仪，它能够附着在装置外壁，测量原子氢在金属中的扩散速度，预测由于原子氢扩散到金属材料而引起工业装置发生硫化物应力腐蚀裂开/氢脆(SSCC/HE)的危险性，而且能够对发生 SSCC/HE 危险性作出原位监测和就地评估。对往往会发生氢致腐蚀破坏的油气钻采集输、油气井的酸化压裂、油田的污水回注、注水井的清洗解堵、锅炉/管道等承压容器的除锈除垢、工程结构的阴极保护、电镀等有关工业装置，提供了避免发生 SSCC/HE 的一种重要监测手段，对保障安全生产有重要的技术和经济意义。

第六章 硫化亚铁危害与防治

第一节 硫化亚铁特性与危害

一、硫化亚铁理化性质

硫化亚铁的化学式 FeS(含硫量：36%)，为深棕色或黑褐色六方晶体，结构疏松；密度：4.84g/cm³；熔点：1193～1199℃。溶于稀酸并产生有毒的硫化氢气体，难溶于水(可在热水中分解)，真空加热至1100℃时，硫化亚铁开始分解。

硫化亚铁的着火点很低，通常在50℃以上开始自燃。在空气中有微量水分存在下，硫化亚铁逐渐氧化成四氧化三铁和硫。$3FeS+2O_2 =\!=\!= 3S+Fe_3O_4$。

二、硫化亚铁的主要危害

硫化亚铁属低毒类，具刺激作用，误服可引起胃肠刺激症状，长期吸入该粉尘，可能引起肺铁末沉着，其物质本身的健康危害较小。因其具有一定的特性可引起腐蚀、安全、环境等危害事件。

(1) 硫化亚铁引起垢下腐蚀

在含有 Cl⁻ 的水溶液存在条件下，腐蚀性介质渗入到硫化亚铁垢下导致金属腐蚀，通常称为垢下腐蚀。硫化亚铁的电位较正作为阴极，金属基体作为活性阳极持续腐蚀，最终导致穿孔。在原油储罐内涂层完好的情况下，罐顶的安全附件是产生硫化亚铁最多的地方。硫化亚铁引起的垢下腐蚀会降低液压安全阀的气密性，导致液压油外漏；垢下腐蚀产物及硫化亚铁本身会堵塞阻火器阻火层，阻碍呼吸阀的正常开启，严重影响储罐的安全运行。

(2) 硫化亚铁自燃引起火灾

硫化亚铁具有自燃温度低、释放热量大、燃烧速度快等特点。若遇到可燃介质，易引发燃烧乃至爆炸，造成人员伤害、设备损坏、环境污染。因此，减少硫化亚铁生成、防止硫化亚铁自燃，是油气田安全生产中的重中之重。

石油化工行业中，由储罐、塔、釜、管线内产生的硫化亚铁氧化放热所导致的火灾或爆炸现象屡有发生。多数情况起火点为罐顶呼吸阀、安全阀，打开人孔、阀门、管线等维修作业。图 6-1 显示的是石化设备在开盖检修时硫化物自燃的冒烟状况。

图 6-1　设备开盖检修硫化物自燃状况图

某石化芳烃联合装置制苯车间芳烃抽提单元的抽提蒸馏塔高 73.6m、直径 3m。2002 年 1 月 14 日，该塔按车间抽提装置改造开停车方案的要求，通入蒸汽(压力 1.05MPa，温度 240℃)蒸塔。蒸塔过程中，塔顶温度为 101℃，塔底温度为 218℃，填料区域温度为 170℃。蒸塔结束后，制苯车间安排施工人员开塔底、塔顶人孔，约 11 时塔底人孔被打开，12 时 05 分左右，塔体发生冒烟着火事故，并在高约 30m 处发生变形，上部向东南方折倒，倚在空冷器上，如图 6-2 所示。在塔上作业的某建筑安装公司(外来施工单位)起重工

图 6-2　某石化芳烃抽提蒸馏塔 FeS 自燃火灾事故

坠落死亡。

2003 年 9 月某石化公司烷基苯厂在检修中准备更换芳烃抽提填料塔塔内件和填料，经退油、加盲板并进行了 72h 蒸汽吹扫后打开塔的人孔通风，准备交出施工时，塔内硫化亚铁遇空气发生自燃引起火灾，导致填料塔塔体 1/3 处折断，如图 6-3 所示。以上案例可以看出检修期间防范 FeS 自燃是一个关键。

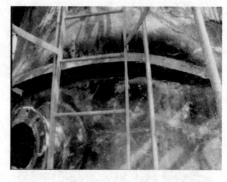

图 6-3 某公司 FeS 自燃烧歪的塔筒体外表

（3）硫化亚铁在酸性环境中反应释放出硫化氢。

硫化氢剧毒，使人员中毒、环境污染。对水生生物有极高毒性。其化学反应式为：

$$FeS + 2\,HCl \longrightarrow FeCl + H_2S\uparrow$$
$$H_2SO_4(稀) + FeS \longrightarrow FeSO_4 + H_2S\uparrow$$

因此含有该物质的废弃物及其容器须作为危险性废料处置。不能随意丢弃到环境中。

石油石化行业中，硫化亚铁主要是伴随产物，是生产工艺过程的累积产生物，对工艺过程及其生产有一定的危害和影响，在特定的过程、阶段、维修等作业活动中，当打开接触空气和水汽后，其主要危害是自燃事件，如图 6-4 所示。同时伴随着 SO_2、H_2S 冒出，也可能造成一定的环境污染和人员中毒事件。

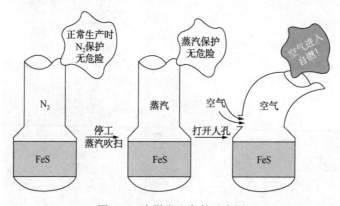

图 6-4 自燃发生条件示意图

第二节 硫化亚铁自燃原理与影响因素

一、硫化亚铁自燃原理

硫化亚铁自燃过程中，在没有一定可燃物支持下，将会产生白色烟状的二氧化硫气体，有刺激性气味，放出大量的热；在有可燃物时，会冒出浓烟，引发火灾或爆炸。因此，硫化亚铁自燃特点是自热温度低，燃烧速度快，燃烧放热量大，散热速度慢，易烧坏设备管线；燃烧产生大量有毒气体。

通常一般情况下，在涉硫的油气储罐、管道、设备工艺场所，所说的硫化铁实际上是指硫化亚铁（FeS）、二硫化亚铁（FeS_2）、硫化铁（Fe_2S_3）等8种硫化物的混合物，其中 FeS_2、FeS 等固体均呈微晶形态，在空气中受热或光照时，会发生如下反应：

$$FeS+3/2O_2 =\!=\!= FeO+SO_2\uparrow+49kJ$$

$$2FeO+1/2O_2 =\!=\!= Fe_2O_3+271kJ$$

$$FeS_2+O_2 =\!=\!= FeS+SO_2\uparrow+222kJ$$

$$Fe_2S_3+3/2O_2 =\!=\!= Fe_2O_3+3S+586kJ$$

其与氧气充分接触，在一定的温度和湿度条件下发生如下化学反应：

$$2FeS_2+7O_2+2H_2O \rightleftharpoons 2FeSO_4+2H_2SO_4+Q$$

$$12FeSO_4+6H_2O+3O_2 \longrightarrow 4Fe_2(SO_4)_3+4Fe(OH)_3+Q$$

$$4FeSO_4+O_2+2H_2SO_4 \longrightarrow 2Fe_2(SO_4)_3+2H_2O+Q$$

以上3个反应均为放热反应，当聚热达到一定程度时，即进入高温氧化阶段，其化学反应式如下：

$$4FeS+7O_2 \xrightarrow{\text{高温}} 2Fe_2O_3+8SO_2\uparrow+Q$$

$$FeS_2+7O_2 \xrightarrow{\text{高温}} FeSO_4+SO_2\uparrow+Q$$

$$SO_2+H_2O \xrightarrow{\text{高温}} H_2SO_3+Q$$

$$2SO_2+O_2+2H_2O \xrightarrow{\text{高温}} 2H_2SO_4+Q$$

除了 FeS_2 以外，FeS 也可以发生如上的氧化放热反应。FeS_2 和 FeS 都具有明显的自燃倾向，而且 FeS_2 比 FeS 具有更高的自燃性。

从以上几组反应可以看出，在一定温度等条件下，油泥中的 FeS_2、FeS 等硫铁化合物发生氧化反应。如果具备空气流通的条件，即可发生反应放出热量，随着反应加剧，反应聚热到一定程度，即发生高温氧化时，反应速度迅速加快，所放出的氧化反应热导致体系温度迅速升高，达到自燃点时硫化亚铁燃烧，此时产生大量的热量和 SO_2，如遇可燃油气，很容易发生自燃现象或爆炸。因此，硫化亚铁自燃前都有一个自热反应过程，由于反应中产生大量白色的 SO_2 气体冒出，常被误认为水蒸气，容易引起忽视。

二、硫化亚铁自燃的影响因素

根据实验室的试验资料，硫化亚铁自燃受到以下因素影响：

（1）粒径。实验室内不同粒径的干燥硫化亚铁的自燃升温曲线如图 6-5 所示。随着硫化亚铁颗粒粒径的减少，自燃温度会降低，当粒径达到一定程度时，自燃温度又开始增加。实验表明硫化亚铁颗粒达到 280~325 目时，自燃温度可出现最低，最容易自燃。

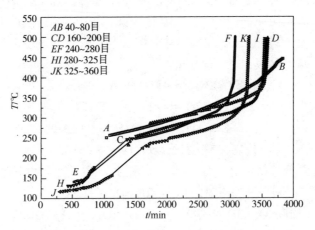

图 6-5　不同粒径的干燥硫化亚铁的自燃升温曲线

（2）水和水蒸气。实验室不同含水情况下试验曲线，含水 10% 的不同粒径硫化亚铁自热曲线如图 6-6 所示，饱和水蒸气中的硫化亚铁自热曲线如图 6-7 所示。干燥硫化亚铁样品中加入 10% 的水，硫化亚铁自燃温度从 120~256℃降至 30~40℃；空气中的湿度增大时，硫化亚铁的自燃性能逐渐增强。因此一定量的水或水蒸气可加速硫化亚铁在空气中的氧化反应，导致温度快速升高，进一步加快氧化反应。

（3）空气流量影响。试验表明，随空气流量的增大，也就能够提供足够的氧与硫化亚铁接触并反应从而使得其自热和自燃特性表现得越强。

（4）硫黄与硫化铁混合物的影响。由于硫黄与硫化铁混合物的相互协同作用，自燃温度比硫化铁降低了 116.3℃，硫黄具有增大硫化氢自燃危险性及其后果的作用。

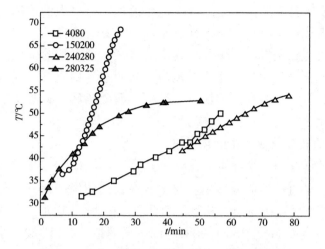

图 6-6 含水 10%的不同粒径硫化亚铁自热曲线

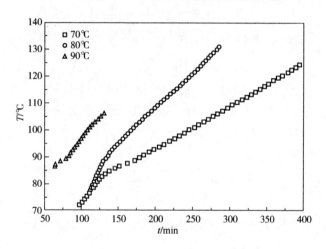

图 6-7 饱和水蒸气中的硫化亚铁自热曲线

（5）试验表明，油垢与硫化亚铁的混合物自燃特性强于各自的自燃特性，增加了安全隐患。含有硫化亚铁油垢的自燃危险性更大。

第三节 硫化亚铁的来源与防治

一、硫化亚铁的主要来源

硫化亚铁是油品中硫化物与装置金属内壁发生腐蚀作用的产物。这些油品中的硫主要来自原油，亦有部分源于原油加工过程中的添加剂。硫在油品中的存在形态依据其对金属腐蚀性的不同，可分为活性硫和非活性硫。活性硫包括单质硫、硫化氢、硫醇等，其特点是在不算苛刻的条件下便可与金属直接反应生成金属硫化物。非活性硫包括硫醚、环硫醚、二硫醚、多硫化物等，其特点是一般不能直接和铁发生反应，而受热后可分解生成活性硫，再与铁或铁的化合物生成硫化亚铁或铁的其他硫化物。

1. 高温硫腐蚀反应产生硫化亚铁

油品中的活性硫包括单质活性硫（S）、硫化氢（H_2S）、硫醇（RSH）。其特点是可以和金属直接反应成金属硫化物。在长期的生产运行过程中，腐蚀性气体 H_2S、硫蒸气直接与金属发生化学反应。在200℃以上，干硫化氢可和铁发生直接反应生成 FeS。360~390℃之间生成率最大，至450℃左右减缓而变得不明显。反应式如下：

$$Fe + H_2S(湿) \longrightarrow FeS + H_2$$

在300~450℃下，单质硫很容易与铁直接化合生产 FeS，反应式如下：

$$Fe + S \stackrel{\triangle}{=\!=\!=} FeS$$

此外，高温下（350~400℃）单质硫与碳钢可直接反应生成硫化亚铁：$Fe + S = FeS$，生成的硫化亚铁很不致密，均匀地附着在设备及管道内壁。硫化亚铁的这种状态非常不利于散热，故当此类状类的硫化亚铁被氧化时，理论上，其自燃的可能性非常高。

2. 腐蚀性气体与铁直接反应产生硫化亚铁

在200℃以下，铁与无水 H_2S 基本不反应，但有水存在的情况下，将导致明显的化学和电化学腐蚀。从而使碳钢设备内壁生成还原性的硫化亚铁。

硫化氢在水溶液中电离：

$$H_2S \longrightarrow H^+ + HS^-$$

$$HS^- \longrightarrow H^+ + S^{2-}。$$

金属电化学腐蚀：

阳极反应　$Fe \longrightarrow Fe^{2+} + 2e$

阴极反应　$2H^+ + 2e \longrightarrow H_2$

Fe^{2+} 与 S^{2-} 及 HS^- 反应：

$$Fe^{2+} + S^2 \longrightarrow FeS$$

$$Fe^{2+} + HS \longrightarrow FeS + H^+$$

上述反应在常温下便可进行。

当达到一定温度（200℃以上时），在没有水的情况下，硫化氢气体可直接与铁发生反应生产硫化亚铁。

一般原油储罐运行温度在 70℃ 以下。罐顶温度在 45℃ 以下（硫的升华点为 444.6℃），罐内的单质硫元素大部分以固态的形式存在，储罐顶部位仅存在少量的单质硫，故硫化亚铁主要是由低温湿 H_2S 腐蚀产生的。

3. 腐蚀性气体与铁锈反应产生硫化亚铁

通常在没有氧气存在的条件下，湿 H_2S 可与铁的腐蚀产物 $Fe(OH)_3$、Fe_2O_3 和 Fe_3O_4 发生反应生成硫化亚铁和单质硫。且不同腐蚀产物生产硫化亚铁的倾向性不同，以 Fe_2O_3 硫化反应生成的硫化亚铁氧化倾向性最大，$Fe(OH)_3$ 硫化产物次之，Fe_3O_4 硫化产物的可能性最小。反应式如下：

$$Fe_2O_3 + 3H_2S \longrightarrow 2FeS + 3H_2O + S$$
$$2\,Fe(OH)_3 + 3H_2S \longrightarrow 2FeS + 6\,H_2O + S$$
$$Fe_3O_4 + 4H_2S \longrightarrow 3FeS + 4\,H_2O + S$$

上述腐蚀产物还可以直接与硫醇（RCH_2CH_2SH）、单质硫（S）发生反应，分别生成 FeS。温度较高时（$\geqslant 50\ ℃$）还可以形成 FeS_2。

相关研究表明，这种方式生成的硫化亚铁的自燃氧化倾向性比腐蚀性气体与铁直接反应产生的硫化亚铁更大。

4. 大气腐蚀产生硫化亚铁

当碳钢设备长时间暴露在空气中，会造成大气腐蚀而生成铁锈（$Fe_2O_3 \cdot H_2O$）。未彻底清除的铁锈，在生产过程中就会与硫化氢发生作用生成硫化亚铁。

5. 微生物腐蚀产生硫化亚铁

微生物腐蚀也可以产生硫化亚铁，主要有硫酸盐还原菌（SRB）腐蚀，这种方式主要发生在长期处于厌氧状态的储油罐罐底部位。在此条件下，硫酸盐还原菌可将硫酸根离子还原为 S^{2-}，S^{2-} 再与罐壁的 Fe^{2+} 结合形成硫化亚铁。反应式如下：

$$SO_4^{2-} + 8H^+ \longrightarrow S^{2-} + 4H_2O$$
$$Fe^{2+} + S^{2-} \longrightarrow FeS$$

综上所述，硫化亚铁是油品中硫及其硫化物与铁及其氧化物腐蚀作用的产物，硫腐蚀过程可以理解为活性较高的硫化物（如硫化氢或硫单质硫醇等）与铁（碳钢设备）或铁的氧化物发生反应，从而使碳钢设备遭到破坏的过程。因此，介质中的硫化氢或硫单质、硫醇等是腐蚀的罪魁祸首，较高的温度可以促进腐蚀过程的进行，油品中的非活性硫在温度较高时还会发生分解，生产硫化氢等活性较高的硫化物。因此，一般情况下，油品温度越高腐蚀越快。一般认为在 240~400℃ 之间，可能产生大量 FeS 腐蚀产物。

二、硫化亚铁的防治

一般情况下，O_2 的浓度越大、硫化亚铁粒度越小、起始温度越高，硫化亚铁氧化自燃性越高，反应速度越快，放出热量越大。硫化亚铁的存在、与空气中的氧接触、一定的温度，是硫化亚铁发生自燃的三个要素，为了预防硫化亚铁自燃事故发生，至少要消除其中之一要素。

1. 从源头控制硫化亚铁生成

（1）采取脱硫工艺，控制进装置油品的硫含量。如加氢脱硫法、气提法脱硫、氧化脱硫法、生物脱硫法等，从源头上脱除硫、硫化氢及其他类型的硫化物后，从而控制硫化亚铁的生成。

（2）采取工艺防腐。加强脱盐、注水、注剂控制腐蚀。根据原油的变化状况，不断筛选高效破乳剂，大幅度降低脱盐后的盐含量，从而减小 Cl^- 含量，降低硫氯协同循环腐蚀。系统工艺中注入适合于高硫原料的中和缓蚀剂，减少硫化亚铁生成。

（3）采用耐腐蚀材料或材质升级。对于易发生硫腐蚀的部位选取不易腐蚀材质，如以合金钢、不锈钢代替碳钢，阻止硫化亚铁产生。一般可以采用 Ti 材质、双相钢、镍基合金、抗硫碳钢、不锈钢复合管、低温抗硫碳钢及玻璃钢等类材料。也可采用碳钢涂层技术或涂镀耐腐蚀材料、渗铝技术等技术，防止硫化亚铁的产生。对于低温的储罐设备等可以采取内防腐隔离措施避免硫化亚铁的产生。但由于不同的产品、技术在不同的条件下（如温度、压力），耐腐蚀能力不同，具体采用何种材料、技术要根据成本和使用条件综合考虑。如：介质为高含硫化氢天然气的压力容器采用 SAT516-70N 抗硫材料制成。抗硫化氢腐蚀的不锈钢可选用 304、316L 等，虽可减轻硫化氢腐蚀，但仍有不少硫化亚铁生成。

（4）生物膜技术。细菌生物膜形成一种对腐蚀物的扩散屏蔽，能抑制金属溶解，作为阻止易腐蚀生物增殖的腐蚀防护剂抑制了新陈代谢产物的产生，并形成了一层微生物存在的独特钝化层，以此阻止腐蚀物与金属接触，达到防腐目的，从而减少硫化亚铁的生成。

（5）定期清洗设备，及时消除各类管道、设备、设施的金属腐蚀物和硫化亚铁。

① 机械清洗。在非连续的工艺、设备可定期采取机械清洗，及时消除金属腐蚀物，防止硫化亚铁的沉积。

② 化学清洗。可选择成本较低的工业盐酸进行化学清洗除去金属腐蚀物

和硫化亚铁，但清洗过程中会产生硫化氢气体，后续不好处理，容易造成中毒事件。

③钝化处理。将一种新型螯合物类的钝化剂循环打入管道或设备中清洗，能够有效溶解硫化物，且不产生剧毒的硫化氢，但并不经济。使用钝化剂将硫化亚铁转变为稳定化合物，消除危险物质，是首选硫化亚铁自燃控制技术措施。例如某石化公司将装置通过在停工前采用 FZC-1 硫化亚铁钝化剂对设备管道的钝化工艺，钝化后打开设备管道发现效果很好，大部分硫化亚铁被消除，确保了施工过程的安全，在停工检修过程中没有发生一起硫化亚铁自燃事件。

④氧化处理。使用强氧化剂如过氧化氢（双氧水）、二氧化氯、高锰酸钾、次氯酸氧化硫化亚铁，转变为硫酸铁等稳定性化合物，消除硫化亚铁。例如，在停工前会采用高锰酸钾打入管道或设备中消除硫化亚铁，这种物质具备使用过程安全、易实施的优点，而且价格低廉。

（6）采用其他处理工艺，减少活性硫的含量，从而减少硫化亚铁的生产。如储罐抽气工艺降低罐顶硫化氢气体浓度。储罐抽气工艺就是对高含硫的油罐烃蒸气进行回收密闭处理，在大罐顶部透光孔处引出抽气管路，用天然气压缩机对大罐顶部挥发气进行收集、冷却分离、压缩后外输。采用抽气工艺可将油罐压力稳定在一定的安全压力范围内，同时降低硫化氢气体浓度。

（7）在工艺系统上安装腐蚀在线监测系统，及时监测发现腐蚀情况，采取相应的措施。采用腐蚀挂片、电阻探针、线性极化探针、电指纹等在线腐蚀监测技术监测腐蚀速率，以及分析系统中铁离子的含量、水中缓蚀剂余量，评价防腐效果，指导腐蚀控制，减少硫化亚铁的生成。

2. 隔离法

（1）润湿法

水可以阻碍 FeS 与空气接触，吸收 FeS 氧化放出的部分热量，一定量的水能够抑制 FeS 自热、自燃性能，当含水 60% 以上时可以有效抑制硫化亚铁自热反应。因工艺条件限制，无法采用钝化法和隔氧法的措施，在作业、检修过程中，可采用润湿法。如在打开含硫化亚铁容器后，立即向内壁喷淋清水或向容器内注水，保证容器内壁上附着的硫化亚铁被水完全润湿。

（2）隔氧法

氧气浓度在 3.52% 以下时，铁的硫化物氧化升温的最高温度为 30℃，硫化亚铁自燃的危险性极低，如果没有氧气存在，硫化亚铁无法发生氧化反应，硫化亚铁不会自燃。防止硫化亚铁与空气（氧气）接触，可采用隔离空气的方法。

对于高含硫化氢的集输管道，在检修过程中，如更换阀门，难以采用钝化法和润湿法，可采用隔氧法。在打开管道前，使用惰性气体（N_2）置换打开段的可燃气体，并保持两端微正压。打开管道后，在敞口段上下游通入惰性气体，进行微正压隔氧，防止硫化亚铁发生氧化反应。

例如：普光气田集输系统检修作业过程中，采取了钝化、隔氧、润湿三种防止硫化亚铁自燃的方法，有效防止了硫化亚铁自燃。在普光气田集输系统1534次打开收发球筒作业和15次阀室更换阀门作业及128次容器开口检修作业过程中，未发生过自燃事件。

（3）置换保护

对于非连续运行装置，在运行结束后，采用放空及净化后采用氮气或水置换等措施，防止硫化氢气体存在对容器的腐蚀，杜绝硫化亚铁生成。

（4）设置氮封系统

在炼油装置里，罐容器氮封是比较常见的。所谓氮封，就是用氮气补充罐内气体空间，因氮气的密度小于油气而浮于油气之上故而形成氮封。当呼气时，呼出罐外的是氮气而不是油蒸气。当罐内压力低时，氮气自动进罐补充气体空间，减少蒸发损失，避免油品接触氧化，更主要是可以有效防止硫化亚铁的氧化，杜绝因硫化亚铁氧化放热引起油品自燃而发生火灾事故。

（5）采用浮顶罐

浮顶罐（尤其是外浮顶罐）相对于固定顶罐而言气相空间小，腐蚀轻微，发生自燃事故的概率小，因此新建存在硫腐蚀的储罐可考虑采用外浮顶罐。

3. 控制温度

（1）采用喷淋冷却

在高温天气下，对于具备条件的设备（如空冷），采用水喷淋冷却，不仅可以有效地降温，延缓硫化氢对碳钢的腐蚀速率，减少硫化亚铁的堆积量，同时也有利于硫化亚铁氧化热的及时消散。喷水冷却是防止硫化亚铁自燃事故发生常采取的应急措施。

（2）设置内喷淋系统

清洗储罐应在相对低温下进行，避免外来高温引起自燃。在储罐内的上部设置消防喷淋盘管。当油罐内油品已经抽空，要求进行清罐作业时，为保障人身安全，此时罐内不能再充氮气。为防止在清罐过程中硫化物氧化放热引起自燃，可开启罐内喷淋设施，降低温度，从而降低火灾危险性，预防事故的发生。

4. 停工检修作业硫化亚铁防治注意事项

（1）根据装置特点及以往多年停工及检修经验，提前进行危害辨识，列出硫化亚铁可能产生的位置清单并根据实际情况采取相应措施。停工前组织好员工学习硫化亚铁自燃预案并进行演练。

（2）硫化亚铁氧化自燃必须有氧气存在。因此，停工检修时可以通过工艺上的设计，使得设备内部处于低氧或无氧状态，例如在各种油品储罐内增加氮封设施保证其密封性能。在付油作业前或付油作业时，进行氮气置换，降低硫化亚铁氧化反应速度。停工检修之前，用惰性气体对塔内部可燃气体置换，使硫化亚铁粉末不能与空气中的氧接触发生氧化反应。

（3）设备及管道中介质吹扫置换、蒸煮、水冲洗时要有专人负责，对于管道弯头、拐角等不容易冲洗的死区要特别处理，一定要注意低点导淋要排净、保证吹扫蒸煮时间，确保吹扫过程、蒸煮过程、水冲洗过程均达到预期效果，以避免硫化亚铁发生自燃并引发火灾。

（4）对于存在硫化亚铁的设备或容器必须降至安全温度后方可缓慢打开人孔或者法兰口，并且在检修前要用大量凉水冲洗，保证内部设施构件保持有水分，以减缓硫化亚铁自燃的速度。对于具备条件将内部硫化亚铁等腐蚀产物清除的必须要将其装入袋中浇湿后按相关安全要求处理。

（5）检修中控制氧含量，防止硫化亚铁自燃。进塔作业时，不能同时打开上下人孔，只打开作业处人孔，否则空气会形成对流，使塔内氧含量大大提高。

（6）检修期间，准备消防水源及消防蒸汽。加强停工期间巡检，特别是对容易产生硫化亚铁的电脱盐罐、塔顶系统分水罐、瓦斯系统等，及时发现，及时处理。一定要杜绝麻痹思想，绝不能认为装置已经停工检修不会发生什么问题。

5. 相关应急措施

（1）硫化亚铁泄漏应急处理

首先切断泄漏源；尽可能消除附近点热源；处理人员应戴携气式呼吸器，穿防静电服，戴橡胶耐油手套；禁止接触或跨越泄漏物；作业时使用的所有设备应接地。

小量泄漏：尽可能将泄漏液体收集在可密闭的容器中。用沙土、活性炭或其他惰性材料吸收，并转移至安全场所。禁止冲入下水道。

大量泄漏：构筑围堤或挖坑收容。封闭排水管道。用泡沫覆盖，抑制蒸发。用防爆泵转移至槽车或专用收集器内，回收或运至废物处理场所处置。

（2）硫化亚铁着火消防措施

使用水雾、干粉、泡沫或二氧化碳灭火剂灭火。避免使用直流水灭火，直流水可能导致可燃性液体的飞溅，使火势扩散。

灭火注意事项及防护措施：

消防人员须佩戴携气式呼吸器，穿全身消防服，在上风向灭火。尽可能将容器从火场移至空旷处。处在火场中的容器若已变色或从安全泄压装置中发出声音，必须马上撤离。隔离事故现场，禁止无关人员进入。收容和处理消防水，防止污染环境。

（3）废弃处置

尽可能回收利用。如果不能回收利用，采用焚烧方法进行处置。回收或运至废物处理场所处置。不得采用排放到下水道的方式废弃处置本品。

根据液体流动、蒸气或粉尘扩散的影响区域划定警戒区，无关人员从侧风、上风向撤离至安全区。

第七章　二氧化硫危害与防护

含硫或硫化氢的燃烧产物主要为二氧化硫(又称亚硫酸酐),是一种有刺激性气味、有毒的硫氧化物,大气主要污染物之一。二氧化硫是世界卫生组织国际癌症研究机构 2017 年公布的三类致癌物之一。因此需要了解和控制二氧化硫的危害。

第一节　二氧化硫的理化性质

一、二氧化硫分子结构

二氧化硫属于无机物,分子式为 SO_2,相对分子质量为 64.06,二氧化硫是一个弯曲的分子,硫原子的氧化态为+4。二氧化硫中的 S—O 键长(143.1pm),键角为 119°,二氧化硫的空间结构如图 7-1 所示,其分子结构为 V 形分子,属于极性分子。

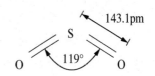

图 7-1　SO_2 分子结构示意图

二、二氧化硫的理化性质

液态二氧化硫比较稳定,不活泼。气态二氧化硫加热到 2000℃不分解,不燃烧,与空气也不组成爆炸性混合物。无机化合物如溴、三氯化硼、二硫化碳、三氯化磷、磷酰氯、氯化碘以及各种亚硫酰氯化物都可以任何比例与液态二氧化硫混合。金属氧化物、硫化物、硫酸盐等多数不溶于液态二氧化硫。

(一)物理性质

1. 色、态、味

二氧化硫通常是无色气体,有刺激性气味。

2. 密度

二氧化硫密度为 3.049kg/m³，与空气的相对密度为 2.264，比空气的密度大。

3. 溶解度

溶于水、乙醇和乙醚，常温常压下，1 体积水大约能溶解 40 体积二氧化硫气体。溶解性随溶液温度升高而降低。

4. 熔、沸点

熔点为-76℃，沸点为-10℃，容易液化。

5. 毒性

二氧化硫有毒，人吸入二氧化硫后，在鼻和喉黏膜上形成亚硫酸，具有窒息作用。会引起呼吸道疾病；二氧化硫浓度达到一定量时，会中毒。

6. 可燃性

二氧化硫在空气中不燃烧，不助燃。在室温，绝对干燥的 SO_2 反应能力很弱，只有强氧化剂才可将 SO_2 氧化成 SO_3。

（二）化学性质

1. 二氧化硫是酸性氧化物

二氧化硫的水溶液具有酸性，可与碱性氧化物反应生成盐，与碱反应生成盐和水，为酸性氧化物。

与碱反应：　　　　$SO_2 + 2\ NaOH =\!=\!= Na_2SO_3 + H_2O$

与碱性氧化物反应：$SO_2 + CaO =\!=\!= CaSO_3$

2. 二氧化硫的弱氧性

SO_2 与 H_2S 的反应：$SO_2 + H_2S =\!=\!= 3S\downarrow + 2H_2O$

在这个反应中二氧化硫充当氧化剂，硫元素有-2，0，+4，+6价，而单质硫还原性很强，常常作还原剂，因此二氧化硫还原性强，氧化性很弱。

3. 二氧化硫的强还原性

对于非金属简单阴离子来讲，非金属性越弱，其阴离子越容易失去，还原性越强。可被多种氧化剂（O_2、Cl_2、I_2、HNO_3、$KMnO_4$、H_2O_2 等）氧化。

SO_2 与 O_2 反应：　　　　　$2SO_2 + O_2 =\!=\!= 2SO_3$

SO_2 与 H_2O_2 反应：　　　$SO_2 + H_2O_2 =\!=\!= H_2SO_4$

SO_2 使碘褪色：　　　$SO_2 + I_2 + 2H_2O =\!=\!= 2HI + H_2SO_4$

4. 二氧化硫的漂白性

工业上常用二氧化硫来漂白纸浆、毛、丝、草帽等。二氧化硫的漂白作用是由于亚硫酸能与某些有色物质生成不稳定的无色物质。这种无色物质容易分解而使有色物质恢复原来的颜色，所以二氧化硫的漂白又叫暂时性漂白，用二氧化硫漂白过的毛、丝、草帽等日久又变成黄色。二氧化硫和某些含硫化合物的漂白作用也被一些不法厂商非法用来加工食品，以使食品增白等。食用这类食品，对人体的肝、肾脏等有严重损伤，并有致癌作用。

5. 二氧化硫的防腐作用

二氧化硫还能够抑制霉菌和细菌的滋生，可以用作食物和干果的防腐剂。但必须严格按照国家有关范围和标准使用。

6. 二氧化硫的腐蚀性

二氧化硫常温常压下为无色有毒气体，有一定的水溶性，与水蒸气生成有毒及腐蚀性蒸气，对金属及其他物体有腐蚀作用。

第二节　二氧化硫的危害

一、二氧化硫对环境的污染

空气中二氧化硫浓度过高易形成酸雨。污染较重局部地区的降雨 pH 值低至 4.0~4.5。酸雨破坏生态环境，使河流湖泊的酸度增加，造成浮游生物的数量减少，从而危及水中水生生物的生存，而且酸雨还会减缓植物的生长，甚至造成植物黄色死亡，其长期污染可使植物无法生长，周围农田、山林被毁，寸草不生。酸雨对建筑物有强烈的腐蚀作用，有许多古建筑和石雕艺术品已遭受到酸雨的腐蚀与破坏，失去了原有的风采，造成巨大的经济损失。

二氧化硫进入大气中会发生氧化反应，形成硫酸、硫酸铵和有机硫化物等酸性气溶胶，是形成雾霾天气重要原因之一。反应可在气相、液相和固相表面进行，氧化速率与太阳辐射强度、温度、湿度、氧化剂及催化剂的存在等因素有关。在冬季雾天，二氧化硫能被雾滴中的各种金属杂质和细粒子表面的碳催化转化成硫酸盐和硫酸气溶胶。在夏季晴天，二氧化硫能被光化学反应产生的臭氧等强氧化剂氧化转化成硫酸盐和硫酸盐气溶胶。因此，目前在二氧化硫对环境影响的研究中，将更多的注意力集中于酸性气溶胶和悬浮颗粒物细粒子所起的作用上。二氧化硫气体，可以穿窗入室，或渗入建筑物的其他部位，使金属制品或饰物变暗，使织物变脆破裂，使纸张变黄发脆。

大气中 SO_2 主要是通过降水清除或生成硫酸盐微粒后再沉降或被雨水除

去。此外，土壤的微生物降解、化学反应、植被和水体的表面吸收等都是大气 SO_2 的去除途径。

二、二氧化硫对人体的危害

（一）空气中二氧化硫的危害

空气中二氧化硫浓度过高时对人体健康也会造成危害。经研究证实，大气中二氧化硫年平均浓度超过 $0.115mg/m^3$ 对人体健康就会产生不利的影响。二氧化硫是无色具有恶臭刺激性气体，当吸入浓度为 $5mg/kg$ 气体时，对人的鼻腔和呼吸道黏膜就会产生刺激感，浓度增加时还会出现鼻腔出血、呼吸受阻、发生喘息，而且二氧化硫可与多种有机物并存，使危害加重。如二氧化硫氧化后可形成硫酸雾，危害增加 10 倍，并且酸雨还会使土壤中有害元素析出，如土壤中铝元素含量高时，可以导致老年痴呆症的发生。二氧化硫可以加强致癌物的致癌作用。

二氧化硫与飘尘一起被吸入，飘尘气溶胶微粒可把二氧化硫带到肺部使毒性增加 3~4 倍。若飘尘表面吸附金属微粒，在其催化作用下，使二氧化硫氧化为硫酸雾，其刺激作用比二氧化硫增强约 1 倍。长期生活在大气污染的环境中，由于二氧化硫和飘尘的联合作用，可促使肺泡纤维增生。如果增生范围波及广泛，形成纤维性病变，发展下去可使纤维断裂形成肺气肿。

（二）职业性二氧化硫危害

1. 二氧化硫职业危害

《硫化氢环境人身防护规范》（SY/T 6277—2017）中对二氧化硫的暴露极限做了规定：二氧化硫的阈限值为 $5.4mg/m^3$（2ppm）。15min 短期暴露极限为 $13.5\ mg/m^3$（5ppm）。

二氧化硫是具有窒息性气味的气体，低浓度 SO_2（$10mg/m^3$ 以下）的危害主要是刺激上呼吸道，较高浓度（$100mg/m^3$ 以上）时会引起深部组织障碍，更高浓度（$400mg/m^3$ 以上）时会致人呼吸困难和死亡。二氧化硫浓度为 10~15ppm 时，呼吸道纤毛运动和黏膜的分泌功能均能受到抑制。浓度达 20ppm 时，引起咳嗽并刺激眼睛。若每天 8h 吸入浓度为 100ppm，支气管和肺部出现明显的刺激症状，使肺组织受损。浓度达 400ppm 时可使人产生呼吸困难。

最新研究证实，二氧化硫及其衍生物不仅对呼吸器官有毒理作用，而且对其他多种器官（如脑、心、肝、胃、肠、脾、胸腺、肾、睾丸及骨髓细胞）均有毒理作用，是一种全身性毒物，而且是一种具有多种毒性作用的毒物，成为人体健康的最大杀手。二氧化硫对人体的影响及危害见表 7-1。

表 7-1 二氧化硫对人体的影响及危害

空气中的浓度			暴露于二氧化硫的典型特性
%（体积）	ppm	mg/m³	
0.0001	1	2.71	具有刺激性气味，可引起呼吸的改变
0.0002	2	5.42	阈限值
0.0005	5	13.5	灼伤眼睛，刺激呼吸，对嗓子有较小的刺激（注：OSHA 15min 内的暴露平均值的极限）
0.0012	12	32.49	刺激嗓子咳嗽、胸腔收缩，流泪和恶心
0.01	100	271	立即对生命和健康产生危险的浓度
0.015	150	406.35	产生强烈的刺激，只能忍受几分钟
0.05	500	1354.5	即使吸入一口，就产生窒息感。应立即救治，提供人工呼吸或心肺复苏
0.1	1000	2708.99	如不立即救治会导致死亡，应马上进行人工呼吸或心肺复苏

2. 职业性急性二氧化硫中毒

职业性急性二氧化硫中毒，是在生产劳动或其他职业活动中，短时间内接触高浓度二氧化硫气体所引起的，以急性呼吸系统损害为主的全身性疾病。二氧化硫气体对人体局部有刺激和腐蚀作用，毒性和盐酸大致相同。人体主要经呼吸道吸收，主要引起不同程度的呼吸道及眼黏膜的刺激症状。二氧化硫进入呼吸道后，因其易溶于水，故大部分被阻滞在上呼吸道，在湿润的黏膜上生成具有腐蚀性的亚硫酸、硫酸和硫酸盐，使刺激作用增强。上呼吸道的平滑肌因有末梢神经感受器，遇刺激就会产生窄缩反应，使气管和支气管的管腔缩小，气道阻力增加。上呼吸道对二氧化硫的这种阻留作用，在一定程度上可减轻二氧化硫对肺部的刺激。但进入血液的二氧化硫仍可通过血液循环抵达肺部产生刺激作用。有的病人可因合并细支气管痉挛而引起急性肺气肿。有的患者出现昏迷、血压下降、休克和呼吸中枢麻痹。个别患者因严重的喉头痉挛而窒息致死。较高浓度的二氧化硫可使肺泡上皮脱落、破裂，引起自发性气胸，导致纵膈气肿。液体二氧化硫可引起皮肤及眼灼伤，溅入眼内可立即引起角膜混浊，浅层细胞坏死或角膜瘢痕。皮肤接触后可呈现灼伤、起泡、肿胀、坏死。

二氧化硫被吸收进入血液，对全身产生毒副作用，它能破坏酶的活力，从而明显地影响碳水化合物及蛋白质的代谢，对肝脏有一定的损害，机体的免疫受到明显抑制。二氧化硫中毒症状分级如下：

（1）刺激反应

出现流泪，畏光，视物不清，鼻、咽、喉部烧灼感及疼痛，咳嗽等眼结膜和上呼吸道刺激症状，短期内(1~2天)能恢复正常，体检及 X 线征象无异常。

（2）轻度中毒

除刺激反应临床表现外，伴有头痛、头晕、恶心、呕吐、乏力等全身症状；眼结合膜、鼻黏膜及咽喉部充血水肿；肺部有明显干性啰音或哮鸣音，胸部 X 线表现为肺纹理增强。

（3）中度中毒

除轻度中毒临床表现外，尚有声音嘶哑、胸闷、胸骨后疼痛、剧烈咳嗽、痰多、心悸、气短、呼吸困难及上腹部疼痛等；体征有气促、轻度紫绀、两肺有明显湿性啰音；胸部 X 线征象示肺野透明度降低，出现细网和(或)散在斑片状阴影，符合肺间质水肿征象。

（4）重度中毒

严重者发生支气管炎、肺炎、肺水肿，甚至呼吸中枢麻痹，如当吸入浓度高达 $5240mg/m^3$ 时，立即引起喉痉挛、喉水肿，迅速死亡。液态二氧化硫污染皮肤或溅入眼内，可造成皮肤灼伤和角膜上皮细胞坏死，形成白斑、疤痕。或者出现下列情况之一者，即可诊断为重度中毒：

① 肺泡肺水肿；

② 突发呼吸急促，每分钟超过 28 次；血气 $PaO_2 < 8kPa$，吸入 $<50\%$ 氧时 PaO_2 无改善，且有下降趋势；

③ 合并重度气胸、纵隔气肿；

④ 窒息或昏迷；

⑤ 猝死。

第三节　二氧化硫来源与防护

一、二氧化硫的来源

大气中的二氧化硫既来自人为污染又来自天然释放。

（一）人为二氧化硫的主要来源

人为来源是二氧化硫的主要来源，主要包括以化石燃料煤和石油、天然气为燃料的火力发电厂、工业锅炉、生活取暖等行业的排放；各类燃油发动机及机动车尾气排放。

石油开发及其化工过程中产生的二氧化硫。天然气勘探开发过程中采取增产措施时，所使用的含硫加重材料或地层中含硫矿物，在高温高压酸化条件下，与盐酸反应产生二氧化硫气体。二氧化硫的产生量与含硫材料或含硫矿物的成分有关，即含硫量越高，二氧化硫的产生量也越大。石油化工过程中，含硫原料的加工过程中或尾气排放产生二氧化硫。如石化硫酸厂尾气中排放的二氧化硫。

有色金属冶炼厂、橡胶轮胎企业、垃圾焚烧和硫酸厂等工业生产过程中也产生二氧化硫。相关化学方程式如下：

硫黄燃烧生产二氧化硫：

$$S + O_2 === SO_2$$

硫化氢可以燃烧生成二氧化硫：

$$2H_2S + 3O_2 === 2H_2O + 2SO_2$$

如加热硫铁矿可以生成二氧化硫：

$$4FeS_2 + 11O_2 === 2Fe_2O_3 + 8SO_2$$

(二) 天然二氧化硫主要来源

天然二氧化硫主要来自硫燃料的自燃，还有就是陆地和海洋生物残体的腐解和火山喷发等。

二、二氧化硫的检测

工作场所的职业性危害监测一般选择便携式的二氧化硫报警检测仪（以 $MJSO_2$ 型二氧化硫测定仪为例），见图7-2。可检测现场中二氧化硫气体浓度，并可进行声光报警。具有操作简单明了、体积小、携带方便、精度高、价格便宜等特点。该仪器防爆形式为矿用本质安全型。

图7-2　$MJSO_2$型二氧化硫测定仪

1. 测量原理与技术指标

MJSO$_2$型二氧化硫测定仪技术指标见表7-2。

表7-2　MJSO$_2$型二氧化硫测定仪技术指标

测试气体	二氧化硫(SO$_2$)	相对湿度	≤96%
测定原理	定电位电解方式	传感器使用寿命	>2年
测试范围	(0~100)ppm	仪器连续工作时间	>100h
指示准确度	±10%(真值)	外形尺寸	128mm×56mm×28mm
报警设定值	0~50ppm(可调)	质量	200g
分辨率	1ppm/0.1ppm	电池型号	9V 6F22ND型叠层电池一节
报警声级强度	>75dB(距蜂鸣器1m远处)	最高开路电压	10V
报警光能见度	>20m(黑暗中)	仪器工作电流	<1mA(无报警时)
响应时间	<40s(流量50mL/min)	最大报警电流	<30mA
工作温度范围	0~40℃		

2. 使用方法

（1）开机

按电源开关开机，第一次通电时传感器需要一个极化的过程，约为12h；平常更换电池需要等待几到十几分钟仪器稳定之后方可正常工作，此时仪器会连续报警，这属于正常情况，显示数字降至报警点以下时就不再报警，也可以关机等待一段时间再开机。

（2）报警点设置

仪器在出厂时，遵照二氧化硫的暴露极限规定，二氧化硫的报警点设置为2ppm，用户一般无需改变；如果确要改变这个数值，重新设置报警点，操作如下：

第一，打开仪器电池盖，并打开仪器前盖，取下电池。

第二，将报警拨码开关拨至报警侧，此时液晶显示为报警浓度。

第三，用螺丝刀调节报警电位(W2)，观察液晶显示器使之达到需要设置的报警点。

第四，将报警拨码开关拨至检测侧，此时液晶显示为正常空气中SO$_2$浓度。

第五，重新装上前盖、后盖、电池盖，注意闭合严密。

（3）仪器的调零

在仪器出厂检验时，零点时经过严格校准的，用户无需再校准，如经长时间使用或偶然原因零点电位器变动，需要再次校准，操作如下：

第一，检查仪器电池电量是否充足并将仪器置于清洁的空气中(也可使用纯氮标准气)。

第二，用小螺丝刀调仪器右边电位器(Z)，观察液晶显示器使显示值为零。

(4) 仪器的校准(标定)

为使仪器能够正常准确地使用，保证仪器基本测量精度，仪器需要定期或不定期进行校准。在使用条件恶劣的情况下，校准周期应缩短，根据MicroJ电化学传感器使用指标及精度标准，校准(标定)周期为3个月。校准方法如下：

第一，采用由国家计量部门认定单位出厂的标准气体，浓度小于100ppm。

第二，安装减压阀及流量计，使用专用仪器传感器罩，流量为250mL/min，空放0.5min使气体流速稳定，将仪器传感器罩置于仪器前端。

第三，待仪器显示值稳定以后，调整仪器右边(S)校准电位器，使显示值与标准气体浓度相同。

第四，移去仪器传感器罩，校准完毕。

(5) 仪器的维护

该仪器在日常使用过程中，直接显示环境中二氧化硫气体浓度，显示单位为ppm，并且仪器每隔15s进行一次自检，表示仪器正常工作，当仪器电池电量不足时，会发出间隔为10s的短促声音，液晶显示出现低电池电压报警"LO BAT"，此时应该更换电池。当检测浓度达到(及高于)报警点时仪器会出现声光报警。当第一次更换或长时间不用而更换电池时，仪器也会出现声光报警，此时为传感器必要的极化过程，属正常现象，此时可关机10min，仪器将趋于稳定，报警消失。

(6) 使用注意事项

第一，本仪器为精密仪器，不得随便拆卸和重碰、重压、以免损坏或影响测量精度。检修时，请不要更换原电路零部件(包括电池在内)的型号、规格、参数。

第二，本机使用9V叠层电池一节，正常情况下可以连续工作一个月以上(无声光报警时)。

第三，仪器长时间不使用，请将电池取出、以免电池产生漏液从而损坏仪器，重新装入电池之后，应关掉仪器、等待约半小时以后可正常使用。

第四，仪器的维护应有专人负责，应按规程调校，以保证仪器的使用寿命。请避免阳光下暴晒及浸水。

第五，仪器长期工作在高二氧化硫浓度的环境里，例如二氧化硫浓度超过 100ppm，将对传感器寿命产生不利影响。

第六，传感器内含酸性溶液，请不要溅到皮肤上。

三、二氧化硫防护措施

（一）源头减量化措施

（1）尾气脱硫，选择合适的烟气脱硫技术和汽车尾气催化脱硫技术等。

（2）发展城市燃气，发展城市燃气是改变能源结构，减少二氧化硫排放的有效途径。

（3）采用无污染或少污染能源，开发利用太阳能、地热能、风能、水能、生物能、核能等较洁净的能源是解决大气污染问题的根本途径之一。

（4）燃料、原料的预处理。原煤经过洗选、筛分、成型及添加脱硫剂等加工处理，不仅可以大大降低含硫量、减少二氧化硫的排放量而且会产生可观的经济效益。实践表明，民用固硫型煤二氧化硫排放量减少 40% ~ 50%。石化原料采取脱硫预处理，可有效利用原料和减少二氧化硫的排放。

（二）职业场所二氧化硫的防护

（1）凡在可能含有二氧化硫场所工作的人员均应接受二氧化硫防护培训。明确二氧化硫的特性及其危害，明确二氧化硫存在的地区应采取的安全防护措施，以及推荐的急救程序。

（2）作业过程中遇到的 SO_2 气体大多是施工中作业液与地层中含硫矿物发生化学反应而产生的，因此作业中尽可能使用不与含硫矿物发生化学反应产生二氧化硫的井液处理剂。

（3）作业过程中如果有大量的二氧化硫气体通过管线排出时，可让其通过盛有石灰水的容器消除二氧化硫对大气的污染和对人员的危害。

（4）作业过程中排出的二氧化硫气体可用 35% 的稀氨水、碳酸氢钠或石灰水溶液喷洒降低二氧化硫的浓度。洗井液中如果存有二氧化硫气体可用碱式碳酸锌或石灰粉来处理。

（5）对可能遇有二氧化硫的作业场所入口处应有明显、清晰的警示标志。

（6）施工作业现场在方井、集液灌、钻台及其他二氧化硫可能聚集的区域设置固定式二氧化硫监测仪传感器。便携式二氧化硫监测仪按作业班实际人数配备。在进入怀疑有二氧化硫存在的地区前，应先进行检测，以确定其是否存在及其浓度。监测时要佩戴正压式空气呼吸器。

（7）佩戴呼吸保护设备。怀疑存在二氧化硫的施工过程中，应佩戴正压式空气呼吸器设备。当班生产班组及现场其他人员至少应每人配备一套正压式空气呼吸器，另配备一定数量作为公用。海上作业人员应保证100%配备。对工作人员进行现有防护设备的使用训练和防二氧化硫演习。使每个人做到非常熟练地使用防护设备，达到在没有灯光的条件下在30s内正确佩戴上正压式空气呼吸器。

（8）在生产、运输和使用二氧化硫时应严格按照刺激性气体有害作业要求操作和做好个人防护，可将数层纱布用饱和碳酸氢钠溶液及1%甘油湿润后夹在纱布口罩中，工作前后用2%碳酸氢钠溶液漱口。生产场所应加强通风排毒，空气中二氧化硫浓度不应超过国家规定的允许浓度。有明显呼吸系统及心血管系统疾病者，禁止从事与二氧化硫有关的作业。

（三）二氧化硫中毒应急处置

（1）及时通知单位应急救援指挥部，及时拨打120医疗急救部门，迅速组织对伤者进行现场抢救。

（2）救护人员应做好个人呼吸系统的防护，切勿不采取任何防护措施而盲目抢救，扩大事故的恶果。

（3）迅速将患者移离中毒现场至通风空气新鲜处，松开衣领、静卧、保暖、吸氧。以碳酸氢钠、氨茶碱、地塞米松、抗生素雾化吸入。

（4）眼损伤受刺激时，用大量生理盐水、温水或2%碳酸氢钠（即苏打水）彻底冲洗眼结膜囊，滴入醋酸可的松溶液和抗生素，如有角膜损伤者，应由眼科及早处理。

（5）中毒者若停止呼吸，要立即进行心肺复苏抢救。

（6）注意防治肺水肿，早期、足量、短期应用糖皮质激素。如果呼吸微弱或停止，要进行输氧或人工呼吸。对可能有肺水肿者不能进行人工呼吸，而应给予输氧。需要时可用二甲基硅油消泡剂。

（7）由于二氧化硫遇水生成硫酸，对呼吸系统有强烈的刺激作用，严重时可能灼伤，应给中毒伤员服牛奶、蜂蜜或用苏打溶液漱口，以减轻刺激。

（8）将患者及时送医治疗。

第八章 硫化氢事故应急管理

第一节 涉硫应急事件辨识

在石油工业生产中，硫化氢存在于各个环节，如钻井、试油、采油（采气）、修井、注水、酸洗、油气集输、原油处理、运输及储运、炼化等工艺过程。在涉硫区域开展作业时，一旦硫化氢气体浓度超标、泄漏后易发生中毒事故，将威胁作业人员的健康与安全，其与空气混合易发生火灾或爆炸事故，可能造成重大人员伤亡、重大环境污染、重大财产损失和严重的社会影响等应急事件。石油行业主要涉硫化氢危险源、涉硫化氢危险作业分布分析结果见表8-1，这些作业都有可能引起硫化氢应急事件。各个部门、单位应根据开展的具体业务可能的涉硫情况开展硫化氢危险因素辨识评价，确定具体可能发生的涉硫应急事件，事先制定必要的应急预案或现场处置措施。

表8-1　主要涉硫化氢危险源、涉硫化氢危险作业分布

所属板块	涉硫化氢危险源	涉硫化氢危险作业
油气田企业	钻井、井下，集输站净化装置，脱硫装置，集输管道、联合站、计量站阀室，放空火炬、污水处理系统	起下钻、射孔、转塞，洗井，放喷与测试。取心作业，压井钻井，测井录井，固井修井，换收发球，盲板抽堵
管输企业	长输管道，输油站库，装卸码头	清罐、清污作业、油品接卸、吹扫置换、切水、取样分析、盲板抽堵、收发球
炼化企业	加氢裂化装置，加氢精制装置，常减压蒸馏装置，催化重整催化裂化装置，酸性水汽提装置，延迟焦化装置，气体分馏装置，汽油脱硫醇装置，减黏裂化装置，气体脱硫装置，硫黄回收装置，胺液再生装置，液化石油气化学精制装置，轻质油储罐，污油水罐，煤制气污水处理系统，汽车火车栈台，火炬系统	盲板抽堵、阀门管件更换、一次表拆检、取样分析、清罐、清污作业切水、人工检尺、吹扫置换、装卸

所属板块	涉硫化氢危险源	涉硫化氢危险作业
销售企业	污水处理系统	清罐、清污作业
生活社区	污水管网雨水管网系统	清淤、清污作业

第二节　应急预案与响应

一、硫化氢防护应急预案的编制要求

《硫化氢环境人身防护规范》(SY/T 6277—2017)、《硫化氢环境原油采集与处理安全规范》(SY/T 7358—2017)、《硫化氢环境天然气采集与处理安全规范》(SY/T 6137—2017)、《硫化氢环境井下作业场所作业安全规范》(SY/T 6610—2017)等标准对硫化氢防护应急预案的编制提出了明确的要求。

(1) 生产经营单位应根据硫化氢风险评估及应急能力评估结果,组织编制应急预案。

(2) 现场应急处置预案编制应符合《生产经营单位生产安全事故应急预案编制导则》(GB/T 29639—2013)的规定。

(3) 应在应急处置预案中特别规定应急行动的统一现场应急指挥。

(4) 应急处置预案中明确应急信号,海上采用的信号应符合《海上石油设施应急报警信号规定》(SY/T 6633—2012)的规定。

(5) 在一个场所内工作的一个或多个单位,应编制一个统一行动的硫化氢现场应急撤离方案。作业场所各施工单位编制的现场处置方案应具有联动性。

二、硫化氢防护应急处置预案的内容

现场应急处置预案应根据现场工作岗位、组织形式及人员构成,明确各岗位人员的应急工作分工和职责,应明确应急处置程序、措施、报警电话、应急救援联络方式等内容,针对硫化氢泄漏、中毒、扩散等险情发生时明确应急信号、应急行动、应急救援的相关要求。

1. 硫化氢防护应急处置预案的内容

应包括但不限于:

（1）应急反应工作的组织机构和职责。

（2）参与应急工作人员的岗位和职责。

（3）应急设备、物资、器材的准备。

（4）现场监测制度。

（5）紧急情况报告程序。

（6）应急技术与措施。

（7）应急实施程序（包括人员撤离程序和点火程序）。

（8）应急抢险防护设备及设施布置图。

（9）警戒点的设置。

（10）逃生路线图。

（11）周边情况的信息收集及联系电话。

2. 应急处置的内容

应包括但不限于：

（1）井口、管线及设备泄漏的应急处置。

（2）火灾、爆炸的应急处置。

（3）井喷或井喷失控着火的应急处置。

（4）硫化氢中毒的应急处置。

三、硫化氢防护应急处置预案的演练

1. 硫化氢防护应急演练的方式

硫化氢防护应急演练可以通过实操演练和模拟演练的方式进行，在模拟硫化氢泄漏情况下，岗位操作人员应熟练掌握应急状况下流程关断、切换的应急处置操作。

2. 硫化氢防护应急演练的内容

硫化氢防护应急演练内容宜包括但不限于以下内容：

（1）采取应急措施的各种必要操作及步骤。

（2）正压式空气呼吸器保护设备的使用演练。

（3）硫化氢中毒人员施救演练。

通过应急演练，应确保作业队人员明确自己的紧急行动责任及操作要点，熟悉应急情况下操作程序、救援设施、通知程序、集合地点、紧急设备的位置和应急流散程序、现应处置方案。

3. 硫化氢防护应急演练的频次

（1）《硫化氢环境人身防护规范》（SY/T 6277—2017）规定：在日常工作中，应按硫化氢现场应急撤离方案的规定进行应急演练。每次更新硫化氢现场应急撤离方案后，应进行应急演练。

（2）《硫化氢环境原油采集与处理安全规范》（SY/T 7358—2017）规定：涉及硫化环境原油采集与处理的相关单位部门应定期组织应急预案培训与演练，采油厂每半年至少组织一次，采油厂下属作业区、联合站、大队、矿等三级单位每季度至少组织一次，小队、班组每月至少组织一次。油气井井下作业人员宜至少每周进行一次预防井喷演练，确保井控设备能正常运行，作业队人员明确自己的紧急行动责任同时达到训练作业人员的目的。

（3）《硫化氢环境井下作业场所作业安全规范》（SY/T 6610—2017）规定：井作业场所应急演练应由作业队统一组织指挥，相关各方共同参加。含硫化氢井在射开油气层前应按预案程序和步骤组织以预防硫化氢为主要目的的井控演练。含硫化氢井井控演练每个班组每周至少进行一次。

（4）对存在硫化氢原料（介质）的企业应编制专项应急预案，定期开展演练。油气生产单位应不定期或者分层级组织硫化氢应急演练。

4. 硫化氢防护应急演练的总结讲评

每次演练应进行总结讲评，各方提出演练中存在的问题以及改进措施，并完善预案，应急演练的记录文件应保存至少一年。演练应做好记录，包括班组、时间、工况、经过、讲评、组织人和参加人等。评价内容包括：

（1）在应急状态下通信系统是否正常运行。

（2）应急处理人员能否正确到位。

（3）应急处理人员是否具备应急处理能力。

（4）各种抢险、救援设备（设施）是否齐全、有效。

（5）人员撤离步骤是否适应。

（6）相关人员对现场处置方案是否掌握。

（7）预案是否满足实际情况，是否需要修订。

四、硫化氢防护应急处置预案的评审及更新

《硫化氢环境人身防护规范》（SY/T 6277—2017）规定：应急撤离方案应随单位、人员、环境等变化而及时更新。

《硫化氢环境原油采集与处理安全规范》（SY/T 7358—2017）规定：硫化氢环境原油采集与处理单位每三年至少对应急处置程序进行评审及更新一次，当装置、工艺流程、井站所处周边环境、井站人员发生重大变化或在必要时对应急处置程序立即开展评审和更新。

第三节　现场应急处置方案与实施

现场应急指挥部成立后，根据现场实际情况，可设立技术组、抢险组、警戒组、监测组、医疗救护组、联络与后勤保障组、信息公开组、善后处置组等专业处置组，立即组织处置。

一、现场应急处置基本原则

1. 最大限度地保障人的生命安全

将保障人员生命安全作为应急处置过程的首要原则，最大限度减少突发事件所造成的人员伤亡，确保应急人员安全、搜救遇险人员、抢救受伤人员、隔离疏散周边民众。

2. 最大限度地避免次生灾害

在应急处置过程中，应充分考虑、研判次生灾害及其可能的影响范围，在确保救援人员人身安全的前提下，控制危险源、保护周边设施、防止次生灾害。

3. 最大限度地降低负面社会舆论风险与影响

通过网络、电视等手段，实事求是、客观公正、及时准确地报道各类事件，正面引导社会舆论，控制并消除负面影响。

4. 最大程度地提高应急响应能力

将灾害发生后的"第一时间"作为应急响应的准则，做到就近处置、高效联动，提高应急处置实效。

5. 最大程度地发挥主管部门应急牵头职责和专业技术力量

依靠专业部门、人员、队伍，采用科学的方法，做出快速的响应，确保突发事件处置的合理性、高效性。

6. 最大程度地发挥事发单位"第一处置"的作用

高度重视突发事件的先期处置，严格落实事发单位的主体责任，快速、有效地进行事件先期处置，控制事态、降低危害。

二、硫化氢泄漏事件信息报告

硫化氢泄漏事件信息报告内容如表8-2所示。

表 8-2　硫化氢泄漏事件信息报告表

序号	报告项目	报告内容
1	报告单位	
2	报告人姓名、职务与联系电话	
3	泄漏设施名称	
4	泄漏发生/发现时间	
5	泄漏发生/发现位置	
6	泄漏类型	
7	估计泄漏量	
8	估计泄漏速率	
9	估计扩散面积	
10	泄漏源是否已切断	
11	是否有火灾爆炸、人身伤亡、设施损坏等次生事件	
12	泄漏源	井喷 罐破 管道泄漏 其他
13	泄漏初步原因分析	
14	已采取应急的处置措施	
15	应急处置效果与进展情况	
16	现场应急物资储备与消耗情况	
17	气象状况	风速、风向
18	潮汐和海流	涨潮、落潮、流速、流向(目测)
19	海况	浪高
20	水温、气温	水温　℃，气温　℃
21	请求上级或地方政府协调支持和解决的事项	

报告签发人：　　　　　　　　　　　　　　　　　　　签发时间：

三、硫化氢泄漏突发事件应急处置小组与职责

硫化氢泄漏突发事件应急处置小组与职责分工见表8-3。

表 8-3　硫化氢泄漏突发事件应急处置小组与职责

序号	组名	主要职责
1	技术组	负责核实现场情况，开展现场风险识别，审查应急处置措施是否完善并提供技术支持，提出调整措施建议并上报现场应急指挥部
		工程技术管理部门负责注采输及修井过程中硫化氢泄漏的现场核实，审查单位应急处置措施的技术可行性，提出调整措施建议给技术组

序号	组名	主要职责
1	技术组	油气勘探开发管理部门负责开发井、探井钻井过程中硫化氢泄漏的现场核实，审查单位应急处置措施的技术可行性，提出调整措施建议给技术组
		油气销售部门负责油气管道介质突遇硫化氢并泄漏后的现场核实，审查单位应急处置措施的技术可行性，提出调整措施建议给技术组
2	警戒组	负责警戒组工作。负责设立警戒区，执行现场警戒，组织人员疏散，协调政府交管部门实行交通管制
		保卫部门负责协调交通管制，疏散现场与抢险无关人员
3	抢险组	生产运行管理部门负责抢险组工作。负责落实抢险人员、物资等到位，组织应急处置方案实施
		工程技术、油气勘探开发、销售部门分别负责注采输及修井、开发井与探井钻井、油气管道的现场应急处置实施
4	监测组	负责监测组工作。负责组织监测现场有毒有害、可燃气体、环境监测，数据异常时立即上报现场应急指挥部
5	医疗救护组	负责医疗救护组工作。负责组织调动、协调内、外部医疗救护资源，组织受伤、中毒人员的运送和救护
6	联络与后勤保障组	负责联络与后勤保障组工作。负责及时与上级及地方政府联络，按应急指挥中心指令请求支援，做好后勤保障
		安全部门负责与上级安监部门、地方政府安监局联络，按应急指挥中心指令请求支援
		物资部门负责应急物资采购、保管、供应及调配
7	信息公开组	负责信息公开组工作。负责事故信息的收集、处置与公开等工作
8	善后处理组	负责善后处理组工作。对伤亡人员及家属做好安抚、抚恤、保险理赔、应急资金的落实与核销等工作

四、硫化氢泄漏突发事件现场应急处置措施

硫化氢泄漏突发事件现场应急处置措施见表8-4。

表8-4 硫化氢泄漏突发事件现场应急处置措施

序号	处置任务	措　施
1	现场勘查	（1）检测人员佩戴有效防护用具，按照由外及内的路径，使用便携式硫化氢检测仪对泄漏源周边大气实施检测； （2）掌握泄漏物质、浓度、扩散范围、泄漏量、泄漏部位及形式； （3）勘查周边单位、居民、地形及被困人员等情况； （4）勘查设施、建（构）筑物险情及可能引发爆炸燃烧的各种危险源； （5）勘查现场、周边污染情况； （6）测定风向、风速等气象数据

序号	处置任务	措　　施
2	隔离疏散	(1) 根据现场监测结果，确定泄漏现场警戒区范围； (2) 引导或告知警戒区内需疏散人员尽快疏散至安全区域，疏散方向应为风向的上风向或侧风向，疏散路线宜以公路为主路线。疏散范围和距离依据空气中硫化氢气体浓度测定结果，并考虑气体扩散趋势确定； (3) 对受伤、中毒人员进行转移、救护； (4) 在确保救援人员个人防护完善的情况下对警戒区内失踪人员进行搜救； (5) 对警戒区内车辆就地熄火； (6) 注意不要在低洼处滞留，要查清是否有非应急处置人员滞留在污染区； (7) 了解周边单位、居民、地形、电源、点火源等情况
3	现场急救	(1) 迅速将中毒者撤离现场，转移到上风或侧上风方向空气无污染地区； (2) 有条件时应立即进行呼吸道及全身防护，保持呼吸道畅通，防止继续吸入有毒气体； (3) 对呼吸、心跳停止者，应立即进行心脏按压，采取心肺复苏措施(忌口对口人工呼吸，必须时应采用多层纱布间隔的方式进行)，并给予氧气，有条件的情况下可以注射强心药或呼吸兴奋药； (4) 对眼部受伤患者，应立即用清水冲洗； (5) 做好自身及伤病员的个体防护； (6) 严重者送医院治疗
4	控制泄漏源	(1) 应严格控制抢险作业现场火源，保持现场持续通风； (2) 清理泄漏源周边障碍物； (3) 抢险救援人员佩戴有效防护用具，查找硫化氢泄漏源； (4) 采取抢关井、切断管道及装置阀门等措施，控制泄漏源； (5) 设专职人员持续对现场进行浓度检测，必要时采取喷水(泡沫液)监护措施； (6) 对硫化氢泄漏管道实施开挖，应采取人工方式清理覆土及堆积体； (7) 对泄漏点进行封堵或更换，涉及用火作业须严格进行安全条件确认； (8) 当泄漏点无法控制且人员生命受到威胁时，现场总指挥应立即发出对泄漏点点火指令
5	对泄漏物的处理	(1) 采用强制通风设备对现场泄漏气体进行吹扫，吹扫方向应朝向空旷的无人区域； (2) 对泄漏的油品采取开挖引流沟、集油池、布设围油栏、筑坝等措施进行围堵、引流、集中、回收； (3) 对地面残存的油品，采取用沙土覆盖、收集等方式清理污染物
6	洗消	(1) 在危险区与安全区交界处设立洗消站； (2) 洗消的对象：轻度中毒的人员、重度中毒人员在送医院治疗之前、现场医务人员、消防和其他抢险人员以及群众互救人员、抢救及染毒器具； (3) 使用相应的洗消药剂； (4) 洗消污水的排放必须经过环保部门的检测，以防造成次生灾害

序号	处置任务	措　　施
7	清理	（1）少量残液，用干砂土、水泥粉、煤灰、干粉等吸附；对与水反应或溶于水的也可视情况直接使用大量水稀释，污水放入废水系统； （2）大量残液，用防爆泵抽吸或使用无火花盛器收集，集中处理； （3）在污染地面上洒上中和或洗涤剂浸洗，然后用大量直流水清扫现场，特别是低洼、沟渠等处，确保不留残液； （4）清点人员、车辆及器材；撤除警戒，做好移交，安全撤离

有关注意事项：

1. 发现直接危及人身安全的紧急情况时，有权停止作业或在采取可能的应急措施后撤离作业现场。

2. 进入现场救援人员必须配备必要的个体防护器具。应了解所在区域的地形、风向等情况，提前熟悉逃生路线、安全区域。制止不具备条件的盲目施救，避免出现更多的伤亡。并及时报警寻求专业救护。

3. 根据泄漏浓度划定危险区域和疏散范围。

4. 事故中心严禁火种、切断电源。

5. 应急处理时严禁单独行动，要有监护人，必要时水枪、水炮掩护。

五、硫化氢泄漏突发事件典型场景及注意事项

硫化氢泄漏突发事件典型场景及注意事项见表 8-5。

表 8-5　硫化氢泄漏突发事件典型场景及注意事项

序号	典型场景	注意事项
1	钻井施工现场	（1）依据大气浓度监测结果和发展态势设立警戒区，严禁无关人员进入，严禁明火，撤离井场内非应急处置人员； （2）抢险救援人员佩戴有效防护用具，搜寻现场受伤害人员； （3）根据地层压力数据，调整钻井液性能并添加除硫剂； （4）利用钻井液除气器，有效控制钻井液中硫化氢含量； （5）依据大气浓度监测结果和发展态势，决定是否扩大人员疏散范围； （6）当人员生命受到威胁时，现场总指挥应立即发出放喷口点火指令； （7）向当地政府应急机构报告请求支援
2	修井作业现场	（1）依据大气浓度监测结果和发展态势设立警戒区，严禁无关人员进入，严禁明火；撤离井场内非应急处置人员； （2）抢险救援人员佩戴有效防护用具，搜寻现场受伤害人员； （3）根据地层压力数据，调整压井液性能并添加除硫剂； （4）依据大气浓度监测结果和发展态势，决定是否扩大人员疏散范围； （5）当人员生命受到威胁时，现场总指挥应立即发出放喷口点火指令； （6）向当地政府应急机构报告请求支援

序号	典型场景	注意事项
3	集输站库现场	(1)依据大气浓度监测结果和发展态势，向当地政府应急机构报告，疏散警戒范围内的人员到安全区域； (2)对泄漏区域充分进行危害识别，重点排查、检测、确定是否存在给排水、电力、通信用暗渠、管沟、管井、涵洞、地下室等相对密闭空间，进行明显标识，并设专人监护，严禁靠近、滞留人员或停放任何设备、车辆； (3)对现场暗渠盖板、管孔、井盖等部位进行封堵，防止泄漏进入相对密闭空间； (4)对油气可能已泄漏的相对密闭空间进行风险分析，制定、实施相应的处置措施； (5)抢险人员佩戴防护用品，专人检测现场硫化氢浓度变化
4	油气管网（人员密集区）	(1)依据大气浓度监测结果和发展态势，向当地政府应急机构报告，疏散警戒范围内的群众到安全区域； (2)加强警戒，严禁无关人员进入，严禁明火； (3)抢险救援人员必须佩戴有效防护用具； (4)对泄漏区域充分进行危害识别，重点排查、检测、确定是否存在给排水、电力、通信用暗渠、管沟、管井、涵洞、地下室等相对密闭空间，进行明显标识，并设专人监护，严禁靠近、滞留人员或停放任何设备、车辆； (5)对现场暗渠盖板、管孔、井盖等部位进行封堵，防止硫化氢泄漏到相对密闭空间； (6)已泄漏到相对密闭空间时，要进行风险分析，制定、实施相应的处置措施； (7)根据泄漏源位置，重新划定危险警戒区域，清理回收泄漏物； (8)依据大气浓度监测结果和发展态势，决定是否扩大人员疏散的范围
5	油气管网（自然保护区）	(1)依据大气浓度监测结果和发展态势设立警戒区，严禁无关人员进入，严禁明火；撤离警戒区内非应急处置人员； (2)抢险救援人员佩戴有效防护用具，搜寻现场受伤害人员； (3)根据泄漏源位置，重新划定危险警戒区域，清理回收泄漏物； (4)依据大气浓度监测结果和发展态势，决定是否扩大人员疏散的范围； (5)组织机械设备设施实施抢修，并对泄漏源封堵； (6)采取隔离、清理等措施，控制污染区域扩大； (7)向当地政府应急机构报告
6	受限空间	(1)依据大气浓度监测结果和发展态势设立警戒区，严禁无关人员进入，严禁明火； (2)抢险救援人员佩戴有效防护用具，搜寻现场受伤害人员； (3)应设置专职人员对受限空间内可燃气体浓度、有害气体浓度、氧含量进行持续监测； (4)进入受限空间内抢险救援前，必须进行强制通风，保证可燃(有害)气体浓度低于警戒值且氧含量正常，并应保证隧道(涵洞)内作业期间持续通风； (5)严格控制进入受限空间抢险人数，严禁人员单独进入，进入受限空间内抢险人员必须采取有效方式保持联络； (6)应保持受限空间内应急逃生通道畅通，并采取夜光、灯光等方式进行明显标识； (7)受限空间内使用的设备须满足防爆、防水、防潮要求

序号	典型场景	注意事项
7	关键装置	（1）依据大气浓度监测结果和发展态势设立警戒区，严禁无关人员进入，严禁明火，撤离警戒区内非应急处置人员； （2）抢险救援人员佩戴有效防护用具； （3）依据大气浓度监测结果和发展态势，决定是否扩大人员疏散的范围； （4）向当地政府应急机构报告

第四节 硫化氢应急公共管控

一、突发公共事件的基本要求

突发公共事件具有三个特征，一是不确定性：事件的发生时间、地点及形式等无法预测；二是紧急性：事故一旦发生，若不及时采取紧急救助，损失会进一步扩大；三是威胁性：突发公共事件的发生，具有公共危害性，危及社会公共安全。为了减少公共事件的损害，对其开展有效的应急响应和管控。

1. 事先预测与预警

要针对各种可能发生的突发公共事件，完善预测预警机制，建立预测预警系统，开展风险分析，做到早发现、早报告、早处置。

预警级别和发布。根据预测分析结果，对可能发生和可以预警的突发公共事件进行预警。预警级别依据突发公共事件可能造成的危害程度、紧急程度和发展势态，一般划分为四级：Ⅰ级（特别严重）、Ⅱ级（严重）、Ⅲ级（较重）和Ⅳ级（一般），依次用红色、橙色、黄色和蓝色表示。预警信息包括突发公共事件的类别、预警级别、起始时间、可能影响范围、警示事项、应采取的措施和发布机关等。

预警信息的发布、调整和解除可通过广播、电视、报刊、通信、信息网络、警报器、宣传车或组织人员逐户通知等方式进行，对老、幼、病、残、孕等特殊人群以及学校等特殊场所和警报盲区应当采取有针对性的公告方式。

2. 事中应急处置

（1）信息报告

发生特别重大或者重大突发公共事件发生后，要立即报告，最迟不得超过 4h，同时通报有关地区和部门。应急处置过程中，要及时续报有关情况。

（2）先期处置

突发公共事件发生后，事发地的政府部门在报告特别重大、重大突发公共事件信息的同时，要根据职责和规定的权限启动相关应急预案，及时、有效地进行处置，控制事态。

在境外发生的突发事件，驻外使领馆要采取措施控制事态发展，组织开展应急救援工作。

3. 信息发布

突发公共事件的信息发布应当及时、准确、客观、全面。事件发生的第一时间要向社会发布简要信息。信息发布形式主要包括授权发布、散发新闻稿、组织报道、接受记者采访、举行新闻发布会等。

二、硫化氢应急的公共管控要求

1. 硫化氢应急事件发生前工作要求

（1）陆上含硫化氢天然气井与民宅、铁路及高速公路、公共设施、城镇中心之间公众安全防护距离应满足本书第三章表 3-4 含硫化氢天然气井公众安全防护距离要求。在设计建设阶段严格执行安全防护距离的相关要求。

（2）确定搬迁区域。假定发生硫化氢泄漏时，经模拟计算或安全评价，空气硫化氢浓度可能达到 $1500mg/m^3$（1000ppm）时，应形成无人居住的搬迁区域。

（3）确定应急撤离区域。石油钻井作业现场，当空气中硫化氢浓度达到安全临界浓度 $30mg/m^3$（20ppm）时，无任何人身防护的人员应进行撤离。当空气中硫化氢浓度达到危险临界浓度 $150mg/m^3$（100ppm）时，有人身防护的现场人员，经应急处置无望，可进行撤离。

天然气集气场站（包括处理能力为 $300×10^4m^3/d$ 的单列脱硫装置）的应急撤离区域应符合以下要求，当硫化氢体积分数为 13%~15% 时，应急撤离区域边缘距最近的装置区边缘宜不小于 1500m。当硫化氢体积分数小于 13% 或高于 15% 时，在组织专家技术论证后，可适当减小或增大应急撤离区域。其他硫化氢环境的工作场所，应经过模拟计算或安全评价确定应急撤离区域。

（4）做好硫化氢公共宣传教育、告知工作。与周边居民开展公共安全共建，大力开展硫化氢危害和防护知识、应急撤离路线的宣传教育、告知工作，联合开展硫化氢应急演练。

（5）储备必要的治疗硫化氢中毒的常用药品，如二甲基氨基酚溶液，亚硝酸钠注射液硫代硫酸钠、维生素 C、葡萄糖等。应定期监测医疗药品是否完好和在有效期内。

（6）掌握周边环境信息，包括所在省（自治区、直辖市）、具（市）、乡（镇）、村社等信息、地形地貌、水系、交通状况，应急计划区域范围内人居数量及人口分布，本企业与当地政府、派出所、武警、消防、医疗救护点等的距离、预计到达时间和通信联络信息等，与当地乡、村、社区建立应急联动机制情况，建立人居信息表和各类应急处置通信联络表。

2. 硫化氢应急事件发生时工作要求

（1）及时向社会发布发生的硫化氢突发公共事件的相关信息，应当及时、准确、客观、全面。

（2）开展硫化氢泄漏处置。根据泄漏量、泄漏位置，通过关闭泄漏部位上下游阀门、停止生产或改变工艺流程、局部停车或物料走副线等措施，切断泄漏源，控制总泄漏量。

通过水幕、水雾或强风吹扫等措施，降低大气中硫化氢浓度，禁止用水直接冲击泄漏物或泄漏源。

开展紧固、封堵、打卡、焊接、更换等作业。防止泄漏物进入水体、下水道、地下室或密闭性空间。

（3）进行交通管制。根据硫化氢气体、相关介质自身及燃烧产物的毒害性、泄漏量、扩散势、火焰辐射热和爆炸相关内容对警戒范围进行评估，划分交通管制区，应在管制区域涉及的主要道路、高速公路、水路设置交通管制点，设置警示标识。交通管制点应设专人负责警戒，采取禁火、停电及禁止无关人员进入等安全措施，对进入人员、车辆、物资进行安全检查、逐一登记。应将警戒区及污染区内与事故应急处理无关的人员撤离。根据现场实际情况变化，适时调整警戒范围。

（4）必要时，做好应急疏散。当空气中硫化氢浓度达到应急撤离条件时，应由现场应急指挥组织人员按硫化氢现场应急撤离方案进行撤离。

生产经营单位代表或其授权的现场总负责人决策撤离，采用有线应急广播或声光报警等通知方式通知现场人员。

应立即向当地政府部门报告，疏散下风向的居民。直接或通过当地政府机构通知公众，协助、引导当地政府做好居民的疏散、撤离工作。可通过应急疏散广播、短信平台等方式，通知人员快速、有序撤离。应向远离泄漏源的上风向、逆风向、高处疏散撤离。疏散撤离时佩戴硫化氢防护器具或使用湿毛巾捂住口鼻呼吸等措施。

对大气中硫化氢浓度大于 $15mg/m^3$（10ppm）区域内被困居民进行逐户搜救。做好疏散人员的心理疏导、食宿及安抚工作。

根据现场硫化氢等毒性介质含量高低，在警戒区以外设立清洗消毒站，使用相应的清洗消毒。清洗消毒对象包括中毒人员、现场医务人员、现场救援人员及群众互救人员、救援装备及染毒器具。

监测暴露区域大气情况（在实施清除泄漏措施后），以确定何时可以重新安全进入。

第九章 硫化氢实操项目

硫化氢会导致人员中毒甚至死亡，直接威胁施工作业人员的健康与安全。在含硫地区存在和可能存在硫化氢的作业场所工作时，为保证作业人员的安全，要求作业人员能迅速正确穿戴个体防护装备，熟练掌握硫化氢检测仪的使用方法，及时正确实施硫化氢中毒现场急救，对于保障人身安全，实现安全生产具有十分重要的意义。

硫化氢防护安全培训规范中规定实际操作项目有自给式正压空气呼吸器的佩戴、模拟搬运中毒者、便携式硫化氢检测仪的操作、心肺复苏等。

第一节　正压空气呼吸器的使用

正压式空气呼吸器能利用面罩与佩戴者面部周边密合，使佩戴者呼吸器官、眼睛和面部与外界染毒空气或缺氧环境完全隔离，具有自带压缩空气源供给佩戴者呼吸所用的洁净空气，呼出的气体直接排入大气中，任一呼吸循环过程，面罩内的压力均大于环境压力。

正压式空气呼吸器给工作人员提供一个安全呼吸的环境，对于一个在硫化氢潜在危险环境中工作的作业人员是必不可少的。当环境空气中硫化氢浓度超过 $30mg/m^3$（20ppm）时，工作人员必须佩戴正压式空气呼吸器，其有效供气时间应大于 30min。

呼吸器的结构应简单紧凑，呼吸器的佩戴质量不应大于 18kg（气瓶压力 30MPa）。可在无人帮助的情况下自行佩戴和使用，在狭小的通道通行时呼吸器不应被攀挂。佩戴者在脱除呼吸器背具而仍然佩戴全面罩时，应能继续从呼吸器上进行呼吸。

《安全生产法》第四十二条规定，生产经营单位必须为从业人员提供符合国家标准或者行业标准的劳动防护用品，并监督、教育从业人员按照使用规则佩戴、使用。依据《安全生产法》，生产经营单位是安全生产的主体，对防护设备的使用负主要责任。所以掌握正压式空气呼吸器的正确使用方法是非常重要的。

下面以常见的 M 公司生产的 BD2100 正压式空气呼吸器和 H 公司生产的 C900/C850 正压式空气呼吸器为例，介绍正压式空气呼吸器的组成、使用要领。

一、正压式空气呼吸器的组成

（一）BD2100 正压式空气呼吸器的组成

BD2100 正压式空气呼吸器的组成如图 9-1 所示，主要由压缩气瓶、全面罩、背具三大部分组成。

图 9-1　BD2100 正压式空气呼吸器

1—背具；2—全面罩；3—压缩气瓶

1. 压缩气瓶

气瓶外部应有防护套，气瓶瓶阀的安装位置应方便佩戴者开启或关闭瓶阀。气瓶多为碳纤维复合气瓶。

如图 9-2 所示，压缩气瓶主要由气瓶、阀体、气瓶开关、压力表、气瓶出气口、压力保护膜等组成。

图 9-2　压缩气瓶

1—气瓶；2—阀体；3—气瓶开关；4—压力表；5—气瓶出气口；6—压力保护膜片

气瓶瓶阀的开启方向为逆时针方向，气瓶瓶阀在开启后能够保证不会被无意关闭，如气瓶瓶阀开启后不可锁定，那么开启气瓶开关应至少旋转两周才能达到关闭状态。

气瓶瓶阀上设置的安全膜片，其爆破压力为37~45MPa。

图9-3 全面罩

1—透镜；2—头带；3—通话膜片；4—进气口；
5—颈带；6—出气口；7—面罩体

2. 全面罩

头带或头罩能根据佩戴者头部的需要自由调整，密封框应与佩戴者面部密合良好，无明显压痛感。带有眼镜支架时，连接应可靠，无明显晃动感。视窗不应产生视觉变形现象。

如图9-3所示，全面罩主要由透镜、头带、通话膜片、进气口、颈带、出气口、面罩体、口鼻罩等组成。

3. 背具

背具的结构造型符合人体工程学原理，使佩戴者无局部压痛感。如图9-4所示，背具主要由背板、肩带和腰带、减压器、中压管、高压管、压力表、供气阀等组成。

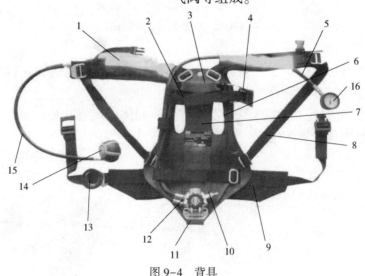

图9-4 背具

1—肩带；2—气瓶收紧带；3—气瓶支架；4—气瓶收紧带张紧扣；5—高压管；6—把手；
7—背板；8—肩带；9—腰带；10—报警哨；11—缓冲垫；12—减压器；13—供气阀座；
14—供气阀；15—中压管；16—压力表

（1）背板

背板的结构在设计上采用对称式的塑料把手以便于设备的搬运。减压器安装在背板的下部。在背板的上部，气瓶支架安装在背板的导槽中。背板上的气瓶收紧带可方便调整长度，以适合不同规格的气瓶。

背板的材料是纤维增强材料。

（2）肩带和腰带

腰带及肩带收紧长度可调节，扣紧后不会发生滑脱。

材料由阻燃织带、阻燃织布、阻燃衬垫组成。宽阔的垫肩和护腰更舒适。

背板、背带和腰带上的金属材料全部为不锈钢，不易生锈腐蚀。

（3）减压器

减压器如图9-5所示，其性能在2~30MPa范围内，减压器输出压力应在设计值范围内。

图9-5　减压器

1—高压管；2—中压管；3—密封圈；4—手轮；5—压缩气瓶接口；6—安全压力阀；7—报警哨

减压器安装在背板的下部。减压器将压缩气瓶的高压气体减压至约0.7MPa的中压，通过中压管送到供气阀，经过供气阀再次减压后供使用者呼吸。通过旋紧手轮(图9-5中的4)使压缩气瓶接口与压缩气瓶相连，只要气瓶阀打开，由于高压管连接压力表，就能观察到压缩气瓶中的压力值。减压器的阀体为黄铜材质。

减压器上设置有压力报警哨。当气瓶中的压力降到(5.5±0.5)MPa时，它会发出不小于90dB的声响报警信号。报警哨报警时不会吸入外界的空气，因此，即使是在高温度的空气或喷淋的水中，甚至在较低的温度下也不会丧失报警功能。另外，它报警时的耗气量每分钟不大于5L。

减压器上设有安全压力阀，它的值设置在1.1MPa。安全阀的开启压力与全排气压力在减压器输出压力最大设计值的110%~170%范围内。安全阀的关闭压力不应小于减压器输出压力最大设计值。如果减压器发生故障，导致压力升高，这时产生的高压会打开安全压力阀，将通过压力阀释放，保证供气阀的正常工作。一旦减压器的安全压力阀有排气现象，请立即撤离工作现场，并停止使用此呼吸器，送生产厂商授权的机构，待故障排除后，才能继续使用。

（4）高压管

高压管上连接压力表，压力表的表面是荧光的，即使在暗处也能看清压力显示。压力表和高压管的连接是活动的，可以360°旋转，方便在各个位置观察压力表的数值。高压管外部橡胶套管上有一个小孔，这是安全孔，如果高压管内部承受高压的毛细铜管泄漏，气体就会从这个小孔排除，防止高压管外部橡胶套管爆裂。

（5）压力表

压力表如图9-6所示，有针式压力表和电子压力表，压力表的外壳有橡胶防护套，量程的最低值为0，最高值不应小于35MPa，精度不应低于1.6级，最小分格值不应大于1MPa，在暗淡或黑暗的环境下能读出压力指示值。

图9-6　压力表

（6）供气阀

供气阀如图9-7所示，外壳为高强度阻燃工程材料，可以承受一定的撞击。供气阀内有正压弹簧，正压弹簧的作用是始终保持面罩内压力为正，即无论怎样呼吸，它都能保持正压。并能自动调整供气量的大小，满足不同的人、不同肺活量的要求。供气阀的最大流量能达到600L/min。

（7）中压管

中压管与供气阀的连接采用快速接头，是柔性可旋转的，不用任何工具就可拆卸，不妨碍并自动适应佩戴者工作时头部自由活动，且不干扰供气阀同面罩的连接，中压管的爆破压力不小于减压器输出压力的4倍。

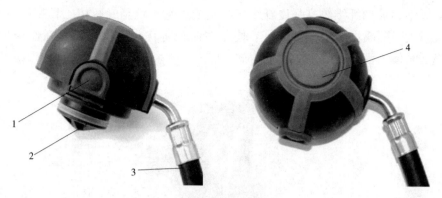

图 9-7 供气阀

1—操作按钮；2—面罩接口；3—中压管；4—排气按钮

（二）C900/C850 正压式空气呼吸器组成

C900/C850 正压式空气呼吸器如图 9-8 所示，由储存压缩空气的气瓶、支承气瓶和减压阀的背托架、安装在背托架上的减压阀、面罩、安装于面罩上的供气阀五部分组成。

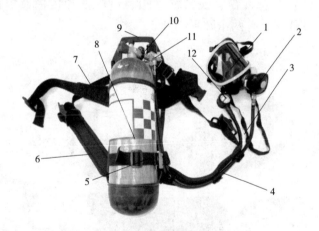

图 9-8 C900 系列便携式正压空气呼吸

1—面罩；2—供气阀；3—高压管；4—中压管；5—气瓶固定带；6—背带；7—腰带；8—气瓶；
9—背架；10—瓶阀接头；11—减压阀；12—压力表

1. 气瓶总成

如图 9-9 所示，储存压缩空气的气瓶总成是由气瓶和气瓶阀组成，气瓶阀上装有安全保护膜片，可在气瓶内压力过高时自动卸压，防止由于瓶压力过高引起气瓶爆裂，从而避免使用人员的伤亡。

C900 系列便携式正压空气呼吸器的额定工作压力为 30MPa，所配备的气瓶是容积从 2L 到 9L 的碳纤维复合气瓶。碳纤维复合气瓶是在铝合金内胆外用碳纤维和玻璃纤维等高强度纤维缠绕制成。它与钢制气瓶相比具有质量小、储气量大、耐腐蚀、安全性能好、使用寿命长等优点，使佩戴者在使用过程中降低其体力消耗，提高工作能力。

图 9-9　气瓶总成

1—气瓶瓶体；2—气瓶瓶阀；3—压力保护照片；4—气瓶接口；5—操作手轮

2. 面罩

如图 9-10 所示，面罩包括用来罩住脸部的面框组件和用来固定面框的头带等。面框组件包括：视窗、视窗密封圈、口鼻罩和传声器组件、呼气阀、供气阀接口。口鼻罩上有两个呼吸阀片。

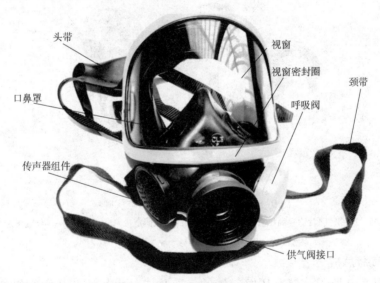

图 9-10　面罩

使用时面框组件的密封圈与脸部、额头贴合良好，使佩戴者的脸部、额头既不会感到压迫疼痛，又能使脸部的眼、鼻、口与周围环境大气有效地完全隔绝。

面罩上的传声器能为佩戴者提供有效的通信。

头带可调节面罩与脸部之间保持良好密封。

图9-11所示为压力平视显示装置。压力平视显示装置可采用无线或有线连接。压力平视显示装置不应妨碍佩戴者的视线和头部的转动，且无论头部是否摆动，佩戴者都应看到LED的工作状态。

压力平视显示装置应采用LED显示方式，当气瓶压力在30~10MPa时，绿灯常亮；当气瓶压力在10~6MPa时，黄灯常亮；当气瓶压力在6MPa以下时，红灯一直闪亮；当压力平视显示装置的电源处于低电压时，黄灯一直闪亮。当发射装置与显示装置配对时，蓝灯一直闪亮；当配对成功后，蓝灯应熄灭。

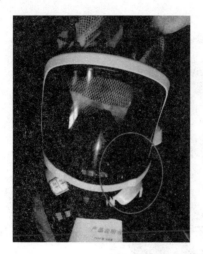

图9-11　面罩上的压力平视显示装置

3. 供气阀

如图9-12所示，供气阀直接安装于面罩上并有一根胶管通过快速接头连接到减压阀的中压管上。供气阀的出气口外形呈凸形，配有环行垫圈，使供气阀与面罩连接后保持良好密封。供气阀在流量高达450L/min时，面罩内压力仍保持大于环境压力，以满足使用者的供气需要。

供气阀顶部有一个旁通阀按钮(黄色)，当气瓶气阀关闭时用于释放管路内余压。在佩戴使用过程中，当使用者突然感觉气量不足，呼吸出现障碍时，按下此按钮供气阀会自动增大供气量至450L/min。

4. 减压阀

如图9-13所示，减压器安装在背架上，包括一个用以连接气瓶总成的手轮、一个与高压管连接的压力表、一个中压安全阀、一个连接供气阀的中压管和一个报警哨。供气阀连接的中压管上有一快速接头，可快速将供气阀与减压器连接或拆开。

图 9-12　供气阀
1—旁通阀按钮(黄色)；2—中压管；3—面罩接口；4—操作按钮

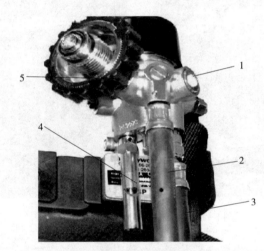

图 9-13　减压阀
1—中压安全阀；2—高压管；3—中压管；4—报警哨；5—手轮

5. 背托架

如图 9-14 所示，背托架的作用是支撑安装气瓶总成和减压器。包括背架、肩带、腰带和固定气瓶的瓶箍带，瓶箍带上装有瓶箍卡扣用以锁紧气瓶。

二、正压式空气呼吸器的使用要领

(一) 安全检查

为了安全使用空气呼吸器，每月必须要检查呼吸器是否处于良好的工作状态；每次使用前后都要进行检查、清洁和整理。

1. 查看合格证

确认设备及气瓶是否在检验有效期内。正压式空气呼吸器应每年检验一

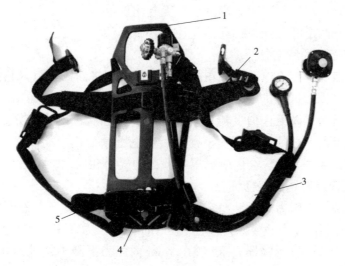

图 9-14　背托架结构示意图

1—背架；2—肩带；3—腰带；4—瓶箍带；5—瓶箍卡扣

次；气瓶应每三年检验一次，其安全使用年限不得超过 15 年。

2. 检查气瓶压力

观察瓶阀上压力表的读数是否在正常适用范围内。一般情况下气瓶中压力不应低于 28～30MPa（除个别厂家另有标定），否则应立即将气瓶充满气，以确保足够的使用时间。

当瓶阀没有配备总压力表时，观察高压管上的压力表读取数值。方法为打开瓶阀，待压力表指针稳定后关闭瓶阀，观察压力表读数。

3. 检查气瓶及背具各附件

（1）检查气瓶身有无损坏，检查气瓶固定带是否完好牢固，固定气瓶的瓶箍卡扣是否扣紧。

（2）检查背架（背托）是否完好。

（3）检查腰带、肩带、胸带有无破损；腰带扣、肩带扣、胸带扣是否灵活好用，并将肩带和腰带调整到最大长度。

4. 检查面罩外观

（1）检查面罩的视窗是否明亮、无破损，透视效果良好。

（2）检查颈带有无破损，固定是否牢固（颈带是橡胶还要检查有无老化现象）。

（3）检查头带有无破损、老化，并将头带放松至最大；检查头带的卡扣是否灵活好用。

（4）检查面罩的密封框有无老化、破损现象。

（5）检查口鼻罩是否固定牢固，有无老化现象。

（6）检查两个呼吸阀片、通话膜片是否脱落。

5. 检查面罩的气密性

一手持面罩，使下巴放入面罩的下颌承口中，将面罩密封框与面部贴紧，用另一手掌心将面罩的进气口堵住，深吸一口气，如果感到面罩有向脸部吸紧的现象，且面罩内无任何气流流动，说明面罩和脸部贴合良好。如面罩和脸部贴合不紧密，必须重新调整至密封后才能继续使用。胡须密长及头发夹压在面罩与脸部之间时，会影响面罩与脸部的气密性。

6. 检查管路系统的气密性

打开瓶阀，待压力表指针稳定后再关闭瓶阀，保持憋压状态至少 1min 以上，然后观察压力表读数的变化。在 1min 内压力下降不超过 1～2MPa（BD2100 正压式空气呼吸器要求为"在 1min 内压力下降不超过 1MPa"；C900 正压式空气呼吸器要求为"在 1min 内压力下降不超过 2MPa"）表示管路密封性能良好。

7. 检查报警哨的性能

打开气瓶阀，气瓶压力至少 12MPa，再关闭气瓶阀。

（1）BD2100 的正压式空气呼吸器需要先用手堵住供气阀的出气口，轻压供气阀的绿色按钮，手慢慢松开排气，同时观察压力表读数的变化，当压力下降到(5.5±0.5)MPa 之间时，报警哨开始发出报警声，说明低压报警性能良好。待压力表指针回复到零位时，按压供气阀上红色按钮，关闭供气阀。

（2）C900 正压式空气呼吸器直接轻轻点按供气阀上的黄色按钮，同时观察压力表读数的变化，当压力下降到(5.5±0.5)MPa 之间时，报警哨开始发出报警声，说明低压报警性能良好，待压力表指针回复到零位时，松开供气阀上的黄色按钮，其自动关闭。

（二）穿戴方法

（1）打开气瓶阀不少于两圈。

（2）使气瓶的瓶底朝向自己(有压力表的一侧向外)，两手握住背架的左右把手，让左右肩带在两手外侧，将呼吸器举过头顶，两手向后向下弯曲，将呼吸器放在肩背部，使左右肩带套在肩膀上。也可使用类似学生背双肩书包的方法佩戴正压式空气呼吸器。

（3）调节背带。身体前倾，向后下方拉紧肩带，系好腰带扣、系牢胸带。（C900 正压式空气呼吸器没有胸带）

（4）佩戴面罩。一手抓面罩的供气阀接口处将面罩拿起，另一手将面罩上的颈带套在脖子上，使面罩跨在胸前。佩戴时，先将下巴放入下巴承托内由下向上戴面罩（注意在脸部和面罩密封圈间不要夹有头发或其他物体），然后收紧头带，先收紧下颌处的头带，再调整太阳穴处头带，最后收紧头顶部头带（不要将面罩头带拉得太紧，这样会使人感到不适）。用手掌心封住面罩的进气口深吸一口气，如果感到无法呼吸且面罩与脸部充分贴合，说明面罩与脸部的密封良好（天气较冷时，面罩刚戴在头上可能会有气雾在透镜上产生，将供气阀连接好并呼吸时，气雾就会消除）。

（5）观察压力表读数，确认气瓶阀已经打开。

（6）将供气阀推进面罩供气阀接口，听到"咔嗒"的声音后，表明供气阀正确连接好。对于 BD2100 正压式空气呼吸器要深吸一口气，将供气阀吸开，此时即可正常呼吸。而 C900 正压式空气呼吸器不需深吸一口气，在连接好的同时供气阀就开始供气了。

特别强调：在工作过程中要随时观察压力表读数的变化，如压力下降至报警压力或报警哨发出报警声时，必须立即撤回到安全场所。

（三）整理装箱

工作完成回到安全场所后，应及时将呼吸器整理装箱。

（1）拆下供气阀。一只手抓住面罩上的进气口，另一只手的大拇指、食指同时按下供气阀两侧按钮，双手配合拉动供气阀脱离面罩。

（2）卸下面罩。用手指向前拨动面罩头带上的带扣使头带松开，抓住面罩上的进气口向上提拉脱开面罩，取下面罩并使面罩的视窗朝向上方放置好。

（3）卸下呼吸器。解开腰带扣的按钮，松开腰带；向上拉动肩带扣脱开肩带（有胸带的，解开胸带扣）；一只手抓牢背架上的把手，另一只手卸下另一侧的肩带，卸下呼吸器，关闭气瓶阀。按压供气阀上的旁通阀，将管路内的余气排尽，确保供气阀关闭。

（4）整理腰带、肩带。将腰带、肩带放至最长状态（以备下次使用），然后将腰带、肩带按出厂状态摆放。

（5）清洁整理面罩。对面罩进行清洁、消毒，并将面罩头带放松至最大状态，然后将面罩装入面罩袋内。

（6）将空气呼吸器所有组成部件装入包箱内。

（四）气瓶拆卸与安装

要求：气瓶的拆卸与安装必须确保气瓶阀在关闭的状态下进行。

1. 气瓶的拆卸

（1）把带压缩气瓶的呼吸器水平朝上放置。

（2）掰开气瓶紧固带上的张紧扣。

（3）拧开气瓶与减压器螺母，脱开气瓶。

（4）气瓶从减压阀上拿下并从紧固带子中抽出。

2. 气瓶的安装

（1）将气瓶装入背板的气瓶紧固带中。

（2）使气瓶和背板竖直放置。

（3）将气瓶瓶阀出气口中心和减压器手轮中心对准。

（4）旋转手轮，将减压器和气瓶连接上，不需旋得太紧，不得使用工具进行拧紧。

（5）扣合好气瓶紧固带上的张紧扣。

第二节　便携式硫化氢检测仪的使用

便携式硫化氢检测仪的优点是体积小、质量小、反应快、灵敏度高，且具有声光报警、浓度显示和远距离探测的功能。在夜间可利用其照明功能进行照明。其产品的使用对于不同的便携式硫化氢检测仪使用前要详细阅读说明书，对仪器操作人员进行培训，确保每名仪器操作人员都已阅读产品操作手册并能够使用设备。

下面对几种不同种类的便携式硫化氢检测仪进行介绍，供学习者参考，详见其产品说明书及操作手册。

一、T40 便携式气体检测报警器

（一）性能与结构

用于检测硫化氢气体的浓度。可连续监测周围环境中硫化氢气体浓度，达到高、低报警预设值时，会发出声、光和振动报警，可在油气田、煤矿等含硫化氢的环境中使用。其结构如图9-15所示。

（二）操作说明

仪器共有四种操作模式：开关机模式、监测模式、设置模式、调零和标定模式。

1. 开关机模式

开机：按住【开关/模式】键，直到屏幕上显示"on"。

开机后，仪器自动进入倒计时预热状态，并伴随着警报声、光和震动报警测试。在短暂的预热之后，自动提示检测气体种类和气体读数。

关机：持续按住【开关/模式】键5s，听到蜂鸣4声后松开按键即可。

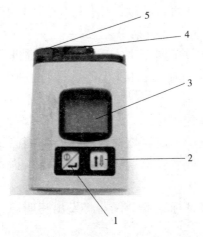

图 9-15　T40 便携式气体检测报警器

1—开关/模式键；2—上下选择键；3—显示屏；4—标定盖；5—报警灯

2. 监测模式

开机预热完成后，仪器自动进入硫化氢气体监测状态，屏幕显示环境中硫化氢的浓度。

当周围气体浓度超过预设报警值（低限报警值及高限报警值）的其中之一时，仪器便会有声、光、振动报警。仪器出厂时已预先设定了低限报警值与高限报警值；低限报警值及高限报警值可在设置模式中进行重新设定。

在任意操作过程中，只要按住【上下选择】键就可访问峰值读数和报警设置点。峰值读数屏幕会显示最近所监测到的气体最高浓度。

重置峰值读数：按住【开关/模式】键，仪器将重置峰值。再一次按住【上下选择】键，将显示出厂的低报警点。再按一下【上下选择】键，将显示出厂的高报警点。再按一下【上下选择】键，将返回硫化氢气体监测状态。

（1）设置模式

开机后进入倒计时，在屏幕显示剩余 13s 与 8s 之间同时按住【开关/模式】键和【上下选择】键，在仪器蜂鸣后进入设置模式。

LCD 屏显示"HI"并闪烁，按【开关/模式】键进入高限报警设置，LCD 显示此时的高限报警设定值，按【上下选择】键对设定值进行修改，按【开关/模式】键确认后进入下级菜单。

LCD 屏显示"LO"并闪烁，按【开关/模式】键进入低限报警设置，LCD 显示此时低限报警设定值，按【上下选择】键对设定值进行修改，按【开关/模式】键确认后进入下级菜单。

LCD 屏显示"CAL"并闪烁，按【开关/模式】键进入气体校正标正浓度设置，LCD 显示此时的校正气体浓度，接【上下选择】键对设定值进行修改，按【开关/模式】键确认后进入下级菜单。

LCD 屏显示"DISP"并闪烁，按【开关/模式】键进入显示模式设置，"on"为数字显示，"off"为字符显示，接【上下选择】键进行修改，按【开关/模式】键退出设置模式。

（2）调零和标定模式

应定期用已知浓度的标定气体对仪器进行功能测试。若该仪器不能对功能测试进行正确响应，或者仪器曾被跌落、浸水、损害，仪器必须重新进行标定。

开始标定：反向拨开标定盖，仪器将发出鸣叫声，标志着该仪器现已经准备好进行校零。

校零：同时按住【开关/模式】键和【上下选择】键确认校正零点，仪器自动校零，大约 10s 后，仪器发出蜂鸣声，标志着校零已经完成。如果不打算标定，则将标定盖拨回原先的位置，则仪器将回到硫化氢气体监测状态。

注意：若环境中有 CO 气体，则禁止在此环境中直接校零，而必须用标准零空气校零。

在校零完成后，气体报警器将蜂鸣，意味着它已经进入标定程序。此时仪器将会提示通入标准气的浓度。

标定：用附带的软管将流量阀和标定盖连接，将流量阀的流量调整为 0.5L/min，同时按住【开关/模式】键和【上下选择】键确认进行标定。LCD 显示值逐渐上升直至稳定，大约在 90s 后，气体报警器完成标定，并提示传感器状态。移开软管并将标定盖拨回原先的位置。

传感器的三种状态：

"GOOD"，传感器良好并能长期使用；

"PASS"，传感器通过标定，但传感器快到寿命的终点；

"FAIL"，标定失败，意味着传感器已坏，需更换；或是标定气体读数错误，或是标定气体已经用完。

（三）使用注意事项

标定气体浓度要与设置中校正气体浓度一致。

为保证仪器检测的准确性，需要每一个月对仪器重新标定一次。

二、TOXIPRO 单通道气体检测仪

（一）性能与结构

检测 H_2S 气体的浓度，检测范围为 0～200ppm，出厂预设低限报警值高

为 10ppm，高限报警值设为 20ppm。其结构如图 9-16 所示。

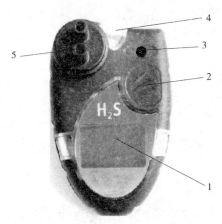

图 9-16　TOXIPRO 单通道气体检测仪

1—显示屏；2—MODE 键；3—音频报警孔；4—报警灯（LED）；5—传感器插口

【MODE】键：用于开启或关闭检测仪、打开内置背景灯、进入 MAX、STEL、TWA 界面及进入自动标定程序。

（二）操作方法

1. 开机

按住【MODE】键 5s 进入检测仪启动过程。启动时，检测仪会自动完成自检和启动程序，整个过程耗时约 30s。在自检过程中，内置背景灯会不停地闪亮，声频报警器也会发出"唧-"的报警声。

检测过程中会依次显示：软件版本号、序列号、记录器的版本号、传感器类型、低限报警值设置点及高限报警值设置点、显示当前气体的测量结果。新鲜空气中，气体检测仪会显示"0"。

对于那些有 STEL 和 TWA 功能的气体气检仪，会短暂显示 STEL 和 TWA 报警值；如果具有标定提示功能而又需要标定，则会显示下列内容：CALDUE 标定提示功能可以用 BioTrack 软件开启或者关闭。

注 1：由于单屏幕显示不完 5 位数的序列号，所以它会分为两屏显示。例如检测仪的序列号是 SN00736。

注 2：显示警告报警设置点时，报警灯（LED）会闪亮两次，声频报警器会发出两次报警声。显示危险报警设置点时，报警灯（LED）会闪亮两次，声频报警器会发出两次报警声，但此时的报警声频率会高于警告报警设置点显示时的报警声。

2. 开启内置背景灯

检测仪装有内置背景灯，在报警状态下会自动开启，也可在显示屏显示当前气体读数时按一次【MODE】键开启。背景灯在手动开启后会在 20s 后自动关闭。若是在报警状态下自动开启的，则当仪器解除报警后，背景灯才会关闭。

3. 报警

在显示当前气体读数时，按【MODE】键一次打开内置背景灯，再按一次显示 MAX 数值。该数值表示仪器在当前操作过程中测量记录所得的最高数值。MAX 数值显示后，再按一次【MODE】键可进入时间显示界面。当小时和分钟数字中间的冒号下方多显示一个点时，表明此时显示的是下午或晚上的时点(PM)。

若仪器开启了 STEL(短期暴露极限)报警功能，则在显示时间后再按一次【MODE】键即可进行 STEL 值的读取。所显示的 STEL 值表示当前 15min 内所得目标气体浓度测量结果的平均值。

若仪器开启了 TWA(时间加权平均)报警功能，再在显示时间后再按一次【MODE】键后可读取当前 TWA 值的。在显示 STEL/TWA 值后，再按一次【MODE】键，即可回到当前气体浓度读数界面。

4. 关闭检测仪

按住【MODE】键直到仪器鸣叫三遍并显示"OFF"字符。在"OFF"字符显示后即可松开【MODE】键，当显示屏上无任何显示时即表示仪器已被安全关闭。

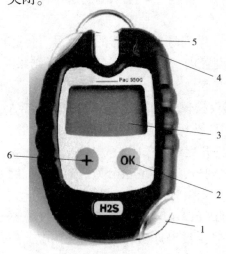

图 9-17 PAC5500 气体检测仪
1—LED 报警指示灯；2—【OK】键：开启/关闭/报警确认；3—显示屏幕；4—喇叭；5—进气口；6—【+】键：关闭/功能测试

三、PAC5500 气体检测仪

（一）性能与结构

检测环境空气中 H_2S 的浓度，测量范围 0～100ppm，设定低高限报警值并提示报警。其结构如图 9-17 所示。

（二）操作方法

1. 开启设备

按住【OK】键。显示器倒计时"3""2""1"直至启动。

所有显示部分亮起，声光报警和振动报警顺序激活。每次使用前，请进行检查。

仪器将会进行自检。屏幕将依次显示：

（1）显示软件版本和气体名称。

（2）显示 A1 和 A2 报警极限值，A1：5ppm　A2：10ppm（出厂初始设定值，也可以自行修改）。

（3）如果已激活标定间隔功能，将显示至下一标定的剩余天数，如"CAL"后"20"表示距离下次标定还剩余 20 天。

（4）如果已激活功能测试间隔功能，将显示至功能测试间隔结束的时间（按天计）如"bt"然后"123"表示距离下次功能测试还有 123 天。

（5）首次预热时间（以秒计）与字母"SEC"交替显示。

（6）启动时可进行新鲜空气标定。显示报警极限值后，气体值将闪烁约 5s。在此期间接压【OK】键进行新鲜空气标定。如在闪烁期间，未按压任何键或［+］键，将跳过新鲜空气标定，仪器将进入检测模式。

（7）首次激活后，预热时间为 15min。

2. 声光振报警激活

报警一旦超过报警极限值 A1 或 A2 即激活声光振报警。

超过 A1，LED 报警指示灯将闪烁，将并发出报警声。

超过 A2，LED 报警指示灯与报警声将以交替的形式重复。

屏幕将交替显示检测值和"A1"或"A2"。

"A1"报警时：按压［OK］键以确认报警和 LED 指示灯。

"A2"报警时：需浓度降到报警极限值以下且已按压［OK］键，报警才可失效。

操作期间，如果超出允许检测范围或出现负漂移，显示屏幕上将显示以下信息："┌┌┌"（浓度过高）或"└└└"（负漂移）。

3. 关机

持续同时按住【+】键与【OK】键直至显示器上出现"3""2""1"持续且喇叭响一声，确认关闭。

4. 使用注意事项

（1）不得在易爆危险区内更换电池。

（2）更换部件可能会降低装置固有的安全性能。

（3）进气口配有过滤灰尘及水的过滤膜。此过滤膜能防止灰尘及水进入传感器。不得损坏、污染过滤膜，否则应立即更换损坏或阻塞的过滤膜。

（4）确保未遮盖住进气口，检测仪应靠近使用人员的呼吸区域，否则仪器无法正常工作。

（5）使用时用鳄鱼夹将仪器夹持在衣服上。

四、单一气体检测仪

(一) 性能与结构

检测环境空气中 H_2S 的浓度，测量范围为 0~200ppm，分辨率为 1ppm，设定低高限报警值并提示报警。其结构如图 9-18 所示。

图 9-18　单一气体检测仪

1—检测气体的种类；2—显示屏；3—开关/测试键；4—探头口；5—LED 报警灯；6—声音报警口

(二) 操作步骤

1. 开机

仪表开机，按住【开关/测试】键 3s，在此期间仪表将显示"ON"，随后依次：

(1) 声音报警，LED 灯和震动报警也都启动。

(2) 显示软件版本号。显示 3s。

(3) 仪表检测气体的类型：H_2S。显示 3s。

(4) 报警设定点显示。显示屏显示"LO ALARM"，下侧显示低限报警值，显示 3 秒钟；显示屏显示"HI ALARM"，下侧显示高报警值，显示 3s。

(5) 短期暴露限定值显示。显示屏显示"ALARM"和"STL"，随后短期暴露限定值显示 3s。

(6) 平均时重显示。显示屏显示"ALARM"和"TWA"，随后平均时重显示 3s。

(7) 新鲜空气设定(FAS)显示：如果需要进行新鲜空气设定，立即按【开关/测试】键，显示屏显示沙漏"FAS"显示，标定完毕显示"OK"。如果用户不需要进行新鲜空气设定，不要按【开关/测试】键。仪表会继续开机程序。

（8）空气中硫化氢读数显示：显示屏显示空气中所监测硫化氢读数，同时显示 PPM 图标、电池状况。

2. 报警

（1）如果气体浓度达到或超过低限报警值，将进入低限报警程序：

"LO ALARM"（低限报警）将在液晶显示屏显示并闪烁，声报警响起、报警灯闪烁、震动报警启动。此时，按【开关/测试】键可以使低限报警停止 5s；一旦气体浓度水平降低到报警设定点以下，低限报警将自动停止。

（2）如果气体浓度达到或超过高报警设定点，将进入高限报警程序：

"HI ALARM"（高报警）将在液晶显示屏显示并闪烁，声报警响起、报警灯闪烁、震动报警启动。此时，按【开关/测试】键可以使高限报警停止 5s；高报警是锁定的，即：即使在气体浓度水平降低到高限报警值点以下时，高报警也不会自动停止；当气体浓度水平降低到高限报警值以下时，按【开关/测试】键可使高限报警停止。

（3）如果气体浓度达到或超过 STEL（短期暴露限定值）报警设定值，进入低报警程序：

"LO ALARM"图标在液晶显示屏上显示并闪烁。此时，按【开关/测试】键可以使 STEL 报警停止 5s。STEL 报警为非锁定的，气体浓度水平降低到 STEL 报警设值以下时，报警将会自动停止。

仪表显示的 STEL 读数是仪表计算的自从开机之后的 STEL 值。当仪表开机时，短期暴露限定值 STEL 的值自动复位至零。短期暴露限定值 STEL 的值是以 15min 的暴露计算的。

（4）TWA（时间加权平均值）的读数显示为仪表自开机以后计算的数值。

当仪表开机时，TWA 的值自动复位至零。

3. 关机

持续按住【开关/测试】，将显示"OFF"关机和沙漏图标，待仪器显示屏信息消失后，说明仪表关机。

4. 使用注意事项

（1）硫化氢检测仪为精密仪器，不得随意拆动，以免破坏防爆结构；

（2）充电时必须在没有爆炸性气体的安全作业场所进行；

（3）使用前应详细阅读使用说明书，注意调校和检查电池电压，严格遵守操作规程；

（4）特别潮湿环境中存放应加防潮袋；

（5）防止从高处跌落、受到剧烈震动、防碰击；

（6）仪器长时间不用也应定期对仪器进行充电处理（每月一次）；

（7）仪器使用完后应关闭电源开关；

（8）仪器显示数值为被测环境中硫化氢含量的体积比浓度（ppm）；

（9）便携式硫化氢检测仪半年校验一次。在超过满量程浓度的环境使用后应重新校验。

五、Tango TX1 硫化氢检测仪

（一）性能与结构

Tango TX1 硫化氢气体检测仪采用高防护设计、高效防腐蚀、耐磨损、抗电磁干扰技术，可以经受住恶劣环境的考验，足以应付工作现场的高腐蚀、高粉尘、高湿度环境，同时具有10cm 范围内100dB 的超大声音报警，更好地保护工作人员的生命安全。

传感器测量范围：

警报——视觉报警：三频 LED 闪光灯（两个红灯，一个蓝灯）。

警报——声音报警：10cm（3.04′）范围内100dB。

振动报警：硫化氢（H_2S）：0.0 至 200.0ppm，精度为 0.1ppm。

其结构如图9-19 所示。

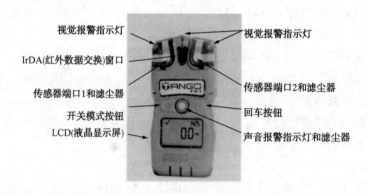

图 9-19 Tango TX1 硫化氢检测仪

（二）操作步骤

1. 接通电源

按下电源键大约3s 为设备供电。设备完成启动诊断。如果设备通过全部诊断测试，气体监测画面将被激活，设备将处于操作模式。如果任何测试失败，设备将显示一个错误代码。

操作模式：

（1）时间加权平均值(TWA)和短期暴露极限(STEL)读数可被查看和清除。

（2）设备可进行调零或调零并标定。

（3）设备可进行报警功能测试。

（4）可以查看和清除峰值读数。

（5）按下开关模式按钮并滚动操作模式环路。

（6）按下回车按钮以发起任务或清除读数。

（7）如果设备处于报警状态，长按回车按钮将重置已闭锁的报警；这不会关闭已启用的闭锁。

（8）当同时按下开关模式按钮和回车按钮并按住 3s 时，设备将完成自测。

（9）当未按下任何按钮达 30s 时，气体监测画面被激活。

2. 关闭电源

若要停止为设备供电，按下电源键，按住直至显示的 5s 倒计时结束，配置为常开运行的设备可能需要输入安全代码完成关闭。

第三节　硫化氢中毒现场施救

硫化氢中毒现场急救是指在发生硫化氢泄漏的环境中对造成危及人员生命事故中的伤者进行的现场救护，即在事发现场发生事故开始到医院就医之前这一阶段的救护。在油气勘探开发的过程中硫化氢这种剧毒气体的产生是无法避开的，因此，掌握硫化氢中毒的现场急救知识，对于保障人身安全、实现安全生产等都具有十分重要的意义。

一、硫化氢中毒现场施救的原则

一旦发生硫化氢泄漏导致中毒事故，一定要在保证自身安全的前提下在第一时间内对中毒人员采取紧急救护。

（1）保持镇定，理智科学地判断。在硫化氢风险区域内，人员发生不明原因的晕厥时，未佩戴个体防护器具的现场人员应立即沿上风向撤离，任何人员不得盲目施救。

（2）评估现场，确保自身与伤员安全。进入现场时必须佩戴正压式空气呼吸器及防化服，立即将中毒人员移出危险区。严禁使用其他类型的防毒面具。

（3）做到先救命后治伤，沉着、冷静、迅速地对危重病人给予优先紧急救护。对呼吸、心力衰竭或停止的病人，应清理呼吸道，立即实施心肺复苏术。

（4）依据《中国石化硫化氢防护安全管理办法》（中国石化安〔2017〕644号）的规定，对硫化氢中毒人员实施心肺复苏术时，救助者应禁止口对口人工呼吸，及时送有条件的医疗单位进行抢救。

（5）先确定伤员是否有进一步的危险，控制出血，尽量减轻伤员的痛苦。对于特殊环境的影响，容易出现激动、痛苦和惊恐的现象，要安慰伤员，减轻伤员的焦虑。

（6）急救与呼救并重，充分利用可支配的人力、物力协助救护。搬运伤员之前应将骨折及创伤部位予以相应处理，对颈、腰椎骨折和开放性骨折的处置要十分慎重。

（7）尽快寻求援助或将伤员送往医疗部门。

二、硫化氢中毒现场施护的程序

当工作场所发现有硫化氢泄漏或有人员中毒晕倒时，正确的保护自己、救助他人的方法和技术，是现场每一位工作人员都必须了解和掌握的。

按照图9-20所示的7个步骤，可以有效地实施现场自救与互救。

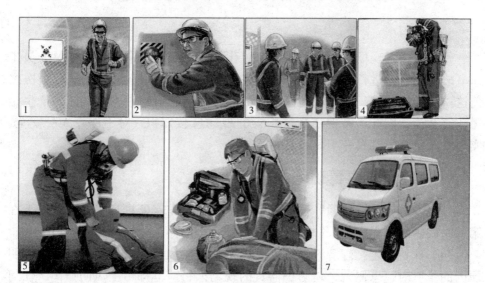

图9-20　硫化氢中毒现场救护程序

1. 脱离——离开毒气区

根据专业知识和经验，初步判断硫化氢气体的来源地以及风向，以确定撤离和返回现场的救人路线。如果人员在泄漏源的上风方向，就往上风方向撤离。如果人员在泄漏源的下风方向，应先向两侧垂直方向撤离，再尽可能地向高处撤离，以避免自身中毒。

2. 报警——打开报警器

打开报警器，发出警报。如果报警器在毒气区里，或附近没有合适的报警系统，应在确保自身安全的前提下，采取包括大声警告在内的其他报警方式进行报警或求救。

3. 评估——评估现场情况

在安全区域对现场情况进行汇总并做出判断，为现场救援提供依据并快速制定出有效救援方法。

4. 保护——佩戴呼吸装置

以最短的时间在安全地区找到最近的正压式空气呼吸器，并按照相关规范穿戴好呼吸器保护设备后，再进入毒气区域实施救助。

5. 救助——使伤员脱离毒气区

到达事故现场，首先快速判断出伤者的中毒情况，然后选择一个合适的救护方法，将伤者尽快从毒气区转移出来。在转移过程中要仔细观察伤者的状态变化，以便对伤者进行及时的救护帮助。

6. 处置——检查并实施急救

将伤者移出毒区到安全区域后，检查伤者的中毒情况并采取相应的现场救护措施。如果呼吸、心跳停止，应立即实施心肺复苏术，力争使伤者苏醒，为进一步的医疗救助争取时间。

7. 医护——进行医疗救护

待医护人员到达现场后，交由医护人员检查受伤情况并采取必要的救护措施，并送往急救中心或医院做进一步的诊断和治疗。

三、人体生理指标

人体的生理指标是指体温、脉搏、呼吸和血压。

1. 体温

人体有三个部位可测量体温，即口腔、腋下、肛门，体温表分口表和肛表两种，它们均可用于腋下测量。体温测量的方法详见表9-1。

表9-1　体温测量方法

测量部位	正常温度/℃	安放部位	测量时间/min	使用对象
口腔	36.5~37.5℃	舌下闭口	3	神志清醒成人
腋下	比口腔低0.5℃	腋下深处	5~10	昏迷者
肛门	比口腔高0.5℃	插入肛门内	3	婴幼儿及昏迷者

2. 脉搏

动脉血管的搏动称为脉搏，它与心跳是一致的。正常人一般脉搏为60~100次/min，大部分在70~80次/min之间，每分钟快于100次为过速，慢于60次的为过缓。

3. 呼吸

正常成人呼吸14~18次/min。检查时让患者静卧，观看其胸部或腹部的起伏，一起一伏为呼吸一次。也可用听诊器或直接贴在其胸部听呼吸音。较简易的方法是用手感觉口、鼻前方气体的出入。

4. 血压

血管内流动的血液对血管壁所产生的压力称为血压，常测量肱动脉血压与颈动脉血压。正常成人血压：收缩压为11.8~18.7kPa，舒张压为7.9~11.8kPa。成人血压大于18.7~11.8kPa称为高血压，低于11.8~7.9kPa称为低血压。

四、伤员转移搬运技术

转移搬运技术是指在事故现场没有担架或现场不能使用担架的情况下，将伤者转移到安全地带的徒手救护技术。

转移搬运的原则是先救命后治伤，随时注意伤情变化，并及时处理，根据不同伤情采取不同的搬运方式。错误的搬运方法可能会使伤员伤情加重甚至失去生命，掌握正确的搬运方法，才能在急救中保证伤者的安全，从而达到有效的救治目的。

以下主要介绍拖两臂法、拖衣服领口法、两人抬四肢法。

1. 拖两臂法

如图9-21所示，让受伤者平躺，施救者蹲于受害者后面，扶着受害者的头颈使受害者处于半坐状态，用大腿或膝盖支撑受害者背部，将双臂置于受害者腋窝下，弯曲受害者的胳膊并牢固抓住受害者前臂（保证使其手臂紧贴其胸口），站起时将受害者的背部靠在施救者的胸部，将受害者抱起，向后退，将受害者拖到安全地带。

这种技术可以用于施救人员无足够能力将伤者搬抬时，用来救助有知觉或无知觉的个体中毒者。如果伤者无严重受伤时可用拖两臂法。

拖两臂法适于在水平地面（如人行道、户外水平槽、低槽人行道等）上实施。

图 9-21   拖两臂法

2. 拖衣服领口法

如图 9-22 所示，让受伤者平躺，解开其上衣扣子(或拉链)15～20cm，如果可能，将受害者扶至半坐状态。施救者站于其两侧，背向受害者，将其最近的手插入受害者的衣领内部直到触及其肩，牢固抓紧受害者衣领并提起，协同工作，尽可能用前臂和衣领支撑受害者的颈部，将其拖至安全地带。

图 9-22   拖衣服领口法

这种救护方法可救护一个有知觉的伤者。这种救护法不需弯曲受害者的身体就可以立刻将一个受伤者移开。

注意：如果伤者上肢受伤，不可使用此方法。

3. 两人抬四肢法

如图 9-23 所示，使受伤者平躺，一名救助者走到受伤者的头部扶起头和颈部，另一名救助者蹲到受伤者脚部，抓住受伤者手腕缓慢将受伤者托起到坐位。在头部的救助者此时蹲在其后面，从腋下抓住其手腕。在脚部的救助者将其双腿交叉，面向前方，将受伤者搬运至安全地带。搬运时前面的人用一侧的手抱起受伤者双腿，另一只手可用于开门或排除障碍。

图 9-23　两人抬四肢法

当有两个救护人员时，可使用这种方法，受伤者可以是有知觉的，也可以是神志不清的。这种救护方法可以在一些受限的救护情况下采用。

注意：如果受伤者前臂或肩膀受伤，不可使用此方法。

徒手搬运技术适用于紧急抢救或短距离运送，但不适用于怀疑有脊椎受伤的伤者。

第四节　心肺复苏练习

一、心肺复苏术的概念

心肺复苏术（Cardio Pulmonary Resuscitation，简写 CPR）是指当任何原因引起的呼吸和心搏骤停之后，在体外所实施的基本急救操作和措施。在现场对伤者实施紧急的徒手心脏胸外按压和人工呼吸技术，尽快恢复自主呼吸和循环功能，可以使猝死者复苏的成功率大大提高。

由于心搏骤停发生的突然，而多数又发生在医院外，所以现场抢救常处于无任何设备的情况下进行，人员也大多是非医务人员。只要抢救及时、得法、有效，多数是可以救治的。

生命是最宝贵的，请大家记住"心肺复苏，所需要的一切仅仅是一双手"。

二、心肺复苏的关键时限

硫化氢中毒伤害的主要靶器官是中枢神经系统，脑组织虽然只占体重的2%，而耗氧量占全身氧耗的20%。人体重要脏器对缺氧敏感的顺序为脑、心、肾、肝。复苏的成败，很大程度与中枢神经系统功能能否恢复有密切关系。

在常温情况下，心跳呼吸骤停后4min内，人体内储存的氧气尚能勉强维持大脑的需要；4~6min，脑细胞有可能发生损伤。6min后，脑细胞肯定会发生不可逆转的损伤。心肺复苏术开始的越早，其成功率越高。

心跳呼吸均停止为临床死亡，一般认为其时限为4~6min，这时各器官还未发生不可逆的病理变化，及时有效实施心肺复苏术，使带有新鲜氧气的血液尽快到达大脑和其他重要器官，以避免减少"植物状态"或死亡现象的发生。

事实上，由于致病的原因不同以及个体对缺氧的耐受力各有差异，所以，这一时限并非绝对。我国就曾经有不少成功抢救心跳呼吸停止6min以上患者的实例。所以抢救心脏骤停者既要分秒必争，又切不可过于强调时限而轻易放弃抢救机会。

三、心肺复苏术操作步骤及要领

(一) 评估现场环境安全

为了保障自己、伤员和旁观者的安全，首先要评估现场的危险性，并在数秒钟内完成评估。

1. 评估情况

评估时必须尽快了解现场情况，检查现场的安全性，迅速控制局面。

2. 保障安全

在进行现场救护时，应首先确保自身安全，在不能消除存在危险的情况下，尽量确保伤员与自身的距离，然后安全实施救护。

3. 个人防护

在救护现场，实施者在可能的情况下应使用个人防护用品(口腔隔离面膜、手套、眼罩、工作服、口罩等)，防止病原体进入身体。

(二) 检查患者有无意识

救助者确认环境安全后，应该立即检查受伤者的意识。如图9-24所示，在检查中用双手轻拍受伤者双肩，高声呼喊"喂，你怎么了？"如果认识受伤者，可直呼其姓名。如果受伤者无反应，证明受伤者的意识已经丧失。

注意：严禁摇动患者头部，以免损伤颈椎。

（三）大声呼救

当救助者发现受伤者昏迷时，如图9-25所示，应立即大声呼叫：

图9-24　检查患者有无意识　　　　　　　图9-25　大声呼救

（1）"快来人呀！这里有人晕倒了！"【目的：尽可能争取更多人的帮忙。】

（2）"我是救护员"或"我学过急救"【目的：表明身份，说明自己有能力救助他人。】

（3）"请这位先生或女士快帮忙拨打'120'并把情况反馈给我。"【目的：指定专人操作为更好更及时寻求医疗机构的支持。】

（4）"现场有谁会救护，请来协助我！"【目的：心肺复苏术需要耗费大量的体力，寻求更多人的帮助。】

（5）"现场有除颤器吗？麻烦这位先生帮我取一下。"【目的：当可以取得除颤器时，对于有目击者的成人心脏骤停，应尽快使用除颤器。】

（四）体位摆放

1. 患者体位

在进行心肺复苏术时，患者（受伤者）的体位应是仰卧位。如果没有意识的患者体位是俯卧位或者侧卧位，应立即翻转患者成仰卧位。翻转患者时要特别注意，使患者全身各部成一个整体，头、肩和躯干同时翻转，以免加重骨折或其他外伤。

翻转患者的方法如图9-26所示，抢救者跪在患者身旁，在患者躯干和自己的膝盖间留一定的空地，以免翻转过来后患者的躯干压在自己的腿上。同时注意手

图9-26　翻转体位

臂，如果呈扭曲，先将其手臂举起向头方伸直，然后一手托住其颈部，另一手托住肩部，使躯干和臀部跟随肩部翻转，恢复患者仰卧而不致歪扭（注意：将患者翻转于平坦、坚硬的表面）。

2. 救护者体位

为方便施救，救护人可跪于病人右侧，并且双膝要与肩同宽，左膝关节与肩部平齐。

（五）判断有无呼吸和脉搏

1. 检查呼吸

解开病人衣领、领带以及拉链，观察受伤者胸廓起伏 5～10s，如果胸廓没有起伏，表明呼吸停止。

2. 检查脉搏

如图 9-27 所示，用食指及中指指尖先触及气管正中部位，然后向旁滑移 2～3cm，在胸锁乳突肌内侧触摸颈动脉是否有搏动，检查时间不要超过 10s。如果没有脉动表明心脏已停止跳动。

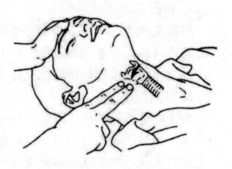

10s 内同时检查呼吸和脉搏，无指标显示表明心脏骤停，需要立即进行心肺复苏术。

图 9-27　判断有无脉搏

对于非专业急救人员，不再强调训练其检查脉搏，只要发现无反应的患者没有自主呼吸就应按心搏骤停处理。

（六）胸外按压

胸外按压技术要求如图 9-28 所示。

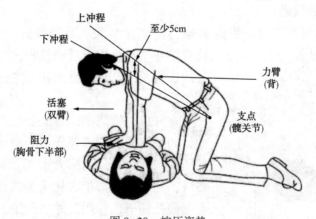

图 9-28　按压姿势

1. 按压部位

（1）部位：剑突根部两横指处，或男性双乳头连线与前正中线交界处。

（2）定位：用手指触到靠近施救者一侧的胸廓肋缘，手指向中线滑动到剑突部位，取剑突上两横指，另一手掌跟置于两横指上方，置胸骨正中，另一只手叠加之上，手指锁住，交叉抬起。

2. 按压手法

双手重叠、扣紧，下手掌掌根压在按压点上，且下手五指翘起。

3. 按压姿势

按压时上半身前倾，腕、肘、肩关节伸直，以髋关节为支点，整体垂直向下用力，借助上半身的重力进行按压，压力均匀，不可使用瞬间力量。

4. 按压深度

按压深度为5~6cm。在徒手心肺复苏术过程中，施救者应以至少5cm的深度对普通成人实施胸部按压，同时不应超过6cm。

注意：每次按压后使胸廓充分回弹；不可在每次按压后倚靠在患者胸上。

5. 按压频率

对于心脏骤停的成年患者，施救者以100~120次/min的速率持续按压较为合理。当按压频率过快时，往往会使按压深度不足，按压效果不好。

施救者应尽可能减少胸外按压中断的次数和时间（中断时间限制在10s以内），尽可能增加每分钟胸外按压的次数。

6. 按压方式

按压必须平稳而有规律地进行，不能间断，每次按压后必须迅速抬手（抬起时掌根不要离开胸壁），使胸骨复位，以利于心脏舒张。但应注意不可猛压猛松，因猛压与猛松易引起血流骤喷，损伤二尖瓣，而搏出量并不增加。

（七）开放气道

当病人意识消失时，肌肉的张力也完全消失。舌肌松弛，舌根向后坠，正好堵住气道造成上呼吸道梗阻。在口对口吹气前，必须打开气道，使舌根抬起离开咽后壁。

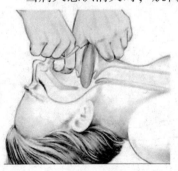

图9-29　清理口腔异物

在开放气道之前，首先要检查口腔有无异物，如果有异物则需要先进行清理。清理方法如图9-29所示，把患者头部偏向一侧（小于45°）；用一只手拇指按住舌头，其余四只手指弯曲并托住下巴；用另外一只手的食指从口腔一侧划向另一侧清理口腔。

然后再进行气道开放，开放气道常用的方法有两种：仰头举颏法，双手抬颏法(拉颏法)。

1. 仰头举颏法

如图9-30所示，抢救者将一手掌小鱼际(小拇指侧)置于患者前额，下压使其头部后仰，另一手食指、中指置于下颏将下颌骨上提，帮助头部后仰，使下颌角与耳垂连线垂直于地面，气道开放。此法是目前打开气道的最常用做法。

注意：

(1) 食指和中指尖不要深压颏下软组织，以免阻塞气道。

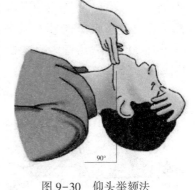

图9-30　仰头举颏法

(2) 不能过度上举下颏，以免口腔闭合。

(3) 头部后仰的程度是以下颌角与耳垂间连线与地面垂直为正确位置。

(4) 开放气道要在3~5s内完成，而且在心肺复苏全过程中，自始至终要保持气道通畅。

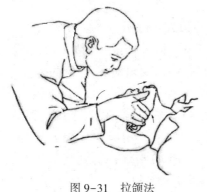

图9-31　拉颏法

2. 双手抬颏法(拉颏法)

如图9-31所示，使病人平卧，将肘部支撑在患者所处的平面上，双手放置在患者头部两侧并握紧下颌角，同时用力向上托起下颌，使头后仰，下颌骨前移，即可打开气道。

此方法适用于颈椎损伤时，由于难以掌握，且常常不能有效地开放气道，还可能导致脊髓损伤，因而不建议非医务人员采用。

(八) 人工呼吸

技术指标：

(1) 吹气次数：2次；

(2) 每次吹气时间：持续1s以上；

(3) 吹气量：(吹气看胸)见胸部起伏；

人工呼吸有口对口人工呼吸法、口对鼻人工呼吸法。

1. 口对口人工呼吸

根据患者的病情选择打开气道的方法，如图9-32所示，患者取仰卧位，抢救者一手放在患者前额，并用拇指和食指捏住患者的鼻孔，另一手握住颏部使头尽量后仰，保持气道开放状态，然后深吸一口气，张开口以封闭患者的嘴周围(婴幼儿可连同鼻一块包住)，向患者口内连续吹气 2 次，每次吹气时间为 1~1.5s，吹气量 1000mL 左右，直到胸廓抬起，停止吹气，松开贴紧患者的嘴，并放松捏住鼻孔的手，将脸转向一旁，用耳听是否有气流呼出。再深吸一口新鲜空气为第二次吹气做准备，当患者呼气完毕，即开始下一次同样的吹气。

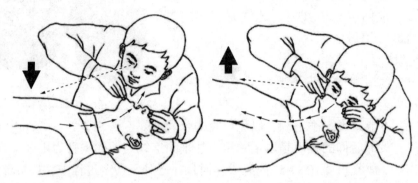

图 9-32　口对口人工呼吸

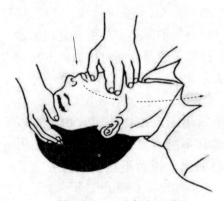

图 9-33　口对鼻人工呼吸

2. 口对鼻人工呼吸

当患者有口腔外伤或其他原因致口腔不能打开时，可采用口对鼻人工呼吸。其操作方法如图 9-33 所示：首先开放患者气道，头后仰，用手托住患者下颌使其口闭住。深吸一口气，用口包住患者鼻部，用力向患者鼻孔内吹气，直到胸部抬起，吹气后将患者口部张开，让气体呼出。如吹气有效，则可见到患者的胸部随吹气而起伏，并能感觉到气流呼出。

(九) 判断呼吸和脉搏

一般情况下，胸外按压 30 次，然后人工呼吸 2 次为一个循环，胸外按压与人工呼吸交替进行 5 个循环为一个周期。

连续做完 5 个循环之后，需同时判断患者呼吸和脉搏。判断方法同前第(五)所述，如有脉搏，即可触知。

如果有呼吸和脉搏表明心肺复苏抢救成功。

（十）恢复原位

心肺复苏成功后将伤员恢复至侧卧位，保持气道畅通注意保暖，等待120的到来。

（十一）心肺复苏注意事项

（1）按压部位、姿势要正确。

（2）按压应平衡、规律，用力要均匀、适度。

（3）为避免按压时呕吐物反流至气管，病人头部应适当放低。

（4）操作过程中，救护人员替换，可在完成一组按压、通气后的间隙中进行，不得使复苏抢救中断时间超过 5~7s。但胸外心脏按压最好一人坚持10~15min，不要过勤换人。

（5）按压期间，密切观察伤者病情，判断效果。

四、心肺复苏有效和终止的指标

（一）心肺复苏有效的指标

实施心肺复苏术过程中，可以根据以下几条指标考虑心肺复苏术是否有效：

（1）瞳孔。若瞳孔由大变小，心肺复苏有效；反之，瞳孔由小变大、固定、角膜混浊，则说明心肺复苏失败。

（2）面色。由紫绀变为红润，心肺复苏有效；变为灰白或陶土色，说明心肺复苏无效。

（3）颈动脉搏动。按压有效时，每次按压可摸到一次搏；如果停止按压，脉搏仍然跳动，说明心跳恢复；若停止按压脉搏消失，应继续进行胸外心脏按压。

（4）意识。心肺复苏有效，可以看见患者有眼球活动，并出现睫毛反射和对光反射，少数患者开始出现手脚抽动，呻吟。

（5）自主呼吸。出现自主呼吸证明心肺复苏有效，但呼吸仍微弱者，应该继续口对口人工呼吸。

（二）心肺复苏终止的指标

一旦实施心肺复苏术，急救人员应当负责，不能无故中途停止。又因心脏比脑较耐缺氧，故终止心肺复苏术应以心血管系统无反应为准。若有条件确定下列指征，且进行了 30min 以上的心肺复苏术，才可以考虑终止心肺复苏术。

（1）患者自主呼吸及脉搏恢复；

（2）有他人或专业急救人员到场接替；

（3）有医生到场确定伤病员死亡；

（4）救护员精疲力竭不能继续进行心肺复苏术。

五、自动体外除颤仪（AED）

（一）自动体外除颤器（AED）的作用

自动体外除颤器又称自动体外电击器、自动电击器、自动除颤器、心脏除颤器及傻瓜电击器等，是一种便携式的医疗设备，如图9-34所示，它可以诊断特定的心律失常，并且给予电击除颤，是可被非专业人员使用的用于抢救心源性猝死患者的医疗设备。

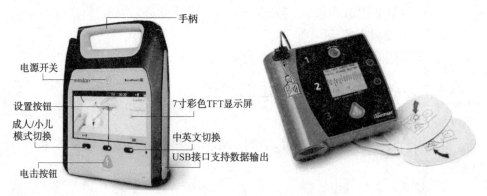

图9-34　不同型号的自动体外除颤器

自动体外除颤器，是一种便携式、易于操作，稍加培训既能熟练使用，专为现场急救设计的急救设备，从某种意义上讲，AED不仅是一种急救设备，更是一种急救新观念，一种由现场目击者最早进行有效急救的观念。除颤过程中，AED的语音提示和屏幕显示使操作更为简便易行。自动体外除颤器对多数人来说，只需几小时的培训便能操作。美国心脏病协会（AHA）认为，学用AED比学心肺复苏（CPR）更为简单。

自动体外心脏除颤器，于伤者脉搏停止时使用。然而它并不会对无心率，且心电图呈水平直线的伤者进行电击。简而言之，使用除颤器本身并不能让患者恢复心跳，而是通过电击使致命性心律失常终止（如室颤、室扑等），之后再通过心脏高位起搏点兴奋重新控制心脏搏动从而使心脏恢复跳动（但有部分患者因其心脏基础疾病可能在除颤后无法恢复心跳，此时自动体外除颤器会提示没有除颤指征，并建议立即进行心肺复苏）。

（二）自动体外除颤仪（AED）的操作步骤

（1）开启AED，打开AED的盖子，依据视觉和声音的提示操作（有些型号需要先按下电源）。

（2）给患者贴电极，在患者胸部适当的位置上，紧密地贴上电极。如图

9-35所示。通常而言，两块电极板分别贴在右胸上部和左胸左乳头外侧，具体位置可以参考 AED 机壳上的图样和电极板上的图片说明。

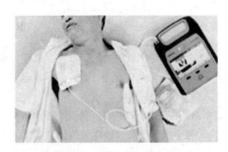

图 9-35　贴电极位置

（3）将电极板插头插入 AED 主机插孔。

（4）开始分析心律，在必要时除颤，按下"分析"键（有些型号在插入电极板后会发出语音提示，并自动开始分析心率，在此过程中请不要接触患者，即使是轻微的触动都有可能影响 AED 的分析），AED 将会开始分析心率。分析完毕后，AED 将会发出是否进行除颤的建议，当有除颤指征时，不要与患者接触，同时告诉附近的其他任何人远离患者，由操作者按下"放电"键除颤。如图 9-36、图 9-37 所示。

图 9-36　按下"放电"键

图 9-37　不要与患者接触

（5）一次除颤后未恢复有效灌注心律，进行 5 个周期 CPR。除颤结束后，AED 会再次分析心律，如未恢复有效灌注心律，操作者应进行 5 个周期 CPR，然后再次分析心律，除颤，CPR，反复至急救人员到来。

注意：如果 AED 提示不除颤，则继续进行胸外心脏按压即可。

参 考 文 献

[1] 刘钰. 硫化氢防护培训教材. 北京：中国石化出版社，2015.

[2] 胡广杰等. 硫化亚铁在原油储运过程中的危害及防治措施. 腐蚀与防护，2012，33(4)，342-344.

[3] 徐伟等. 硫化亚铁自燃温度影响研究. 工业安全与环保，2015，41(6)，36-38.

[4] 张分电等. 高含硫化氢气田集输系统硫化亚铁形成机理及风险控制. 钻采工艺，2013，35(3)，89-91.

[5] 裴力君等. 加工高含硫原油装置停工检修硫化亚铁自燃预防对策. 安全技术，2015，15(12)，21-23.